POLITEXT 182

Diseño de complejos industriales. Fundamentos

POLITEXT

Miquel Casals - Núria Forcada
Xavier Roca

Diseño de complejos industriales. Fundamentos

EDICIONS UPC

Primera edición: julio de 2008
Reimpresión: octubre de 2010

Diseño de la cubierta: Manuel Andreu

©   los autores, 2008

©   Edicions UPC, 2008
    Edicions de la Universitat Politècnica de Catalunya, SL
    Jordi Girona Salgado 31, Edifici Torre Girona, D-203, 08034 Barcelona
    Tel.: 934 015 885   Fax: 934 054 101
    Edicions Virtuals: www.edicionsupc.es
    E-mail: edicions-upc@upc.edu

Producción: LIGHTNING SOURCE

Depósito legal: B-25480-2008
ISBN: 978-84-8301-952-8

Presentación

En la actualidad, las actividades industriales son el impulsor principal del desarrollo económico en la mayoría de países de nuestro entorno por lo que la implantación de dichas industrias es una tarea fundamental en todos ellos.

Este libro constituye una introducción a los conocimientos básicos necesarios para realizar de forma correcta la implantación de un complejo industrial. En este contexto, estamos ante una materia en la que convergen y por lo tanto es necesario desarrollar muchas áreas de conocimiento.

Así en la concepción de un complejo industrial, la correcta interrelación entre las propias actividades económicas a llevar a cabo juntamente con la construcción que las soporta, es fundamental para el éxito empresarial final.

Por ello en este libro se estudia de forma general todos aquellos aspectos relacionados con las necesidades de espacios, la implantación de la distribución en planta, los aspectos constructivos básicos, la localización del complejo y sus implicaciones urbanísticas, que afectan o pueden afectar a la idea global del complejo industrial y que, en general, deben ser tenidos en cuenta durante el proceso de concepción del mismo.

Por un lado, en los primeros capítulos, se propone como analizar, evaluar y definir las necesidades del proceso productivo y los espacios necesarios para llevarlo a cabo. A partir de esta información se puede realizar la distribución en planta optimizando la situación de los diferentes elementos del complejo industrial. Para ello se reseñan algunas metodologías para obtener una ordenación de equipos y espacios eficiente que cumpla con las especificaciones iniciales.

Además, para llevar a cabo con éxito la implantación del complejo industrial es conveniente conocer las características de los edificios industriales y las distintas posibilidades constructivas en función de criterios de sostenibilidad, reducción de costes y de tiempos de ejecución, etc. Este libro plantea varias tipologías estructurales y constructivas para orientar al lector en la tarea de elegir la más conveniente para el complejo industrial a implantar. Además, se analizan las instalaciones necesarias en un complejo industrial, y se definen las distintas posibilidades de distribución y sus necesidades de espacio.

En paralelo al conocimiento de la distribución en planta, el tipo de edificio a construir y las instalaciones necesarias para que dicho edificio funcione correctamente, es necesario también definir su localización. Los últimos capítulos de este libro se dedican a presentar distintos métodos de localización industrial y a analizar distintos aspectos a tener en cuenta en el momento de escoger la ubicación del complejo industrial, tanto si se trata de una industria nueva como si se trata de un cambio de localización o de una ampliación de una actividad ya existente.

Además se introducen aquellos conceptos referidos a las normativas de referencia y que afectan a la implantación de dichos complejos industriales, con especial atención a la aplicabilidad de dichas normativas en los respectivos campos: laboral, urbanístico, de protección contra incendios, de instalaciones, etc.

Con todo lo descrito en este libro, el lector puede disponer de información y conocimientos suficientes para acometer de forma correcta y justificada la definición básica de una implantación de un complejo industrial.

Finalmente, los autores desean expresar su agradecimiento a todas las personas que de una manera u otra han colaborado en la redacción de este libro: a los miembros de la Sección de Construcciones Industriales del Departamento de Ingeniería de la Construcción de la UPC y especialmente a las señoras Marta Gangolells y Alba Fuertes, ambas profesoras ayudantes por su valiosa cooperación en la búsqueda bibliográfica, y por otra parte a las señoras Celia Cemeli y Mónica Jané, becarias del Departamento, por su dedicación y minucioso trabajo en la adaptación de la bibliografía a las necesidades del libro y la creación de imágenes.

Índice

8 Las instalaciones en los edificios industriales

1 Aproximación a los complejos industriales

1.1 Introducción

Un complejo industrial es una instalación compleja, constituida por diferentes secciones o sectores físicamente separados en áreas, recintos o edificios existentes, en los que se integran no sólo las funciones de producción, sino todas las auxiliares de la misma, tales como la producción-transformación de energía, el tratamiento de aguas, las redes de transporte y comunicaciones, los almacenes, etc.

Los complejos industriales son tan importantes que no sería posible explicar la historia de la humanidad sin tenerlos en cuenta. El desarrollo de las necesidades de la industria, las tendencias arquitectónicas y la evolución de los materiales disponibles en cada época marcan cada una de las épocas y la evolución de los complejos industriales a lo largo de la historia, de tal modo que existe una gran relación entre los complejos industriales, la industria, la arquitectura y la construcción.

Fig. 1.1 Interrelación industria-construcción-arquitectura

La arquitectura es la ciencia y el arte de la conformación y la calificación de los requerimientos espaciales, funcionales y ambientales de la actividad humana, formalizados a través del proyecto y materializados mediante la construcción.

La construcción arquitectónica es la acción de ordenar elementos constructivos para expresar el concepto de una arquitectura.

La industria es el conjunto de operaciones necesarias para obtener y transformar los productos naturales o materias primas en productos útiles para el hombre.

Así pues, la industria constituye una exigencia social que la arquitectura conforma espacialmente y que se manifiesta en la construcción de complejos industriales.

El profesor Heredia (1995) añade:

"El fin principal de la arquitectura industrial es proyectar y construir instalaciones y edificios de toda índole, donde los edificios pueden tener carácter secundario o incluso no existir como elementos principales de la construcción y donde todo ha de estar dirigido hacia el cumplimiento de las necesidades impuestas por un proceso industrial de producción. Por tanto, los factores económicos son preponderantes ya que lo que se ha de proyectar y construir es sólo un medio para producir. Además, no hay que olvidar nunca que como en la producción intervienen personas, por lo que hay que atender a sus necesidades, consideradas no sólo como factor para incrementar la productividad sino también como una exigencia natural, consustancial al hombre.
Para lograr estos resultados, surge la necesidad de acometer la resolución del problema bajo una dirección que sea capaz de coordinar y optimizar los diferentes elementos que intervienen en la arquitectura industrial de manera simultánea y conjunta, atendiendo al fin principal establecido."

1.2 Características de los complejos industriales

Las demandas de la sociedad a los complejos industriales son lógicas y atienden a la opinión generalizada de que el edificio ha de contribuir a enriquecer la vida de las personas y no ha de ser meramente un lugar de producción. Ya no sólo se pide que facilite la implantación de puestos de trabajo, sino que también ha de mejorar la imagen urbana, por ejemplo atenuando el ruido de las vías de circulación o ayudando a la ventilación con sus volúmenes y formas, o permitir instalar colectores solares en sus cubiertas, etc.

Establecer una tipología de complejo industrial es una tarea complicada porque para cada tipo de proceso hay formas concretas. Además, cada vez más las empresas buscan crear edificios singulares para diferenciarse del resto.

Tal como indica la definición de complejo industrial, se trata de una instalación compleja y para realizar su implantación hay que tener en cuenta multitud de factores.

El proceso productivo dependerá de los métodos de producción, la maquinaria, las operaciones industriales, los productos a fabricar, el volumen de producción, la cantidad de subprocesos, etc. Una característica de los procesos productivos es su obsolescencia, es decir, que con el avance de la técnica se imponen nuevos procesos, más económicos y respetuosos con el medio ambiente, en detrimento de los anteriores. Por este motivo, el edificio industrial ha de presentar cierta flexibilidad para poder acoger los nuevos procesos.

Para el funcionamiento del proceso productivo, es necesario alimentar cada máquina o equipo con las materias primas que precise, y retirar el producto acabado y los residuos de fabricación. Para ello, es preciso realizar un conjunto de operaciones de transporte, aprovisionamiento, manipulación y almacenaje de los materiales o productos ya fabricados o en curso de fabricación. Es necesario, pues, estudiar todos los movimientos que son precisos en el proceso productivo, así como los medios que se deben disponer para realizaros.

El personal involucrado en el proceso productivo es también de suma importancia. Es necesario conocer el tipo de personal: administrativo, operarios, técnicos, etc., y las necesidades de cada colectivo. En muchas ocasiones, es posible situar el emplazamiento entre el tejido urbano, para reducir el tiempo de desplazamiento de aquél, pero teniendo en cuenta todos los aspectos medioambientales y urbanísticos de la zona. La tendencia actual es automatizar los procesos industriales, eliminar puestos de trabajo no cualificados, e incrementar el gasto de recursos en investigación y desarrollo junto con los puestos de trabajo para personal cualificado.

En función del personal involucrado y de la política de la empresa, serán necesarios espacios destinados a los servicios auxiliares tales como: servicios administrativos, comedores, servicios de higiene, servicios médicos, servicios recreativos, servicios culturales y aparcamientos. En la figura siguiente se muestra una empresa con equipamiento deportivo para sus empleados. Esta alternativa dependerá de la política de la empresa y de la disponibilidad de espacio e infraestructura de mantenimiento.

Otro factor a tener en cuenta para realizar la implantación del complejo industrial y que depende de los anteriores es la distribución en planta. Ésta tiene por objeto la ordenación racional de los elementos involucrados en los sistemas de producción. Existen diferentes tipologías de distribución según los flujos de la producción. Lo más usual es que los edificios sean de una sola planta. Sin embargo, la carencia de terreno industrial y el elevado precio de éste plantean la adopción de una tipología de varias plantas para liberar suelo y poder destinar el resto de superficie a usos diversos. Es conveniente tener en cuenta el posible desarrollo del edificio y sus futuras ampliaciones, dejando reservas de suelo. Se debe también tener en cuenta la ordenación de los diferentes edificios que compongan el complejo industrial y la urbanización del entorno para dotar el complejo de accesibilidad y servicios.

En este nuevo espacio de respeto al medio ambiente y a la persona, se exige la calidad arquitectónica. Esta calidad se expresa integrando diseño y tecnología en los edificios industriales. Así pues, los criterios compositivos de la arquitectura que más se utilizan en la actualidad son: el aprovechamiento de la luz natural por medio de tragaluces y grandes ventanales; el concepto de que la imagen del edificio no ha de reflejar su uso; la integración de efectos naturales como la orientación del edificio para obtener iluminación natural, situar colectores solares y/o lograr ventilación natural, y el incremento del bienestar de los empleados.

La situación del complejo industrial también es importante: su proximidad a vías de comunicación para el transporte, tanto de materiales como del producto acabado, y la facilidad de desplazamiento de los trabajadores. En resumen, la función básica del edificio es albergar un proceso productivo y sus espacios auxiliares.

El emplazamiento y su terreno, los materiales disponibles, consideraciones estéticas y económicas, el proceso productivo y la distribución en planta son factores de los que dependen las características del edificio industrial.

Además, existen otros condicionantes derivados de la legislación, tales como el urbanismo, la protección contra incendios, aspectos medioambientales, etc., que influyen en la implantación de cualquier complejo industrial.

Finalmente, cabe añadir que todo complejo industrial debe cumplir, además, con los requerimientos mínimos de seguridad, accesibilidad, estabilidad, versatilidad, flexibilidad y funcionalidad.

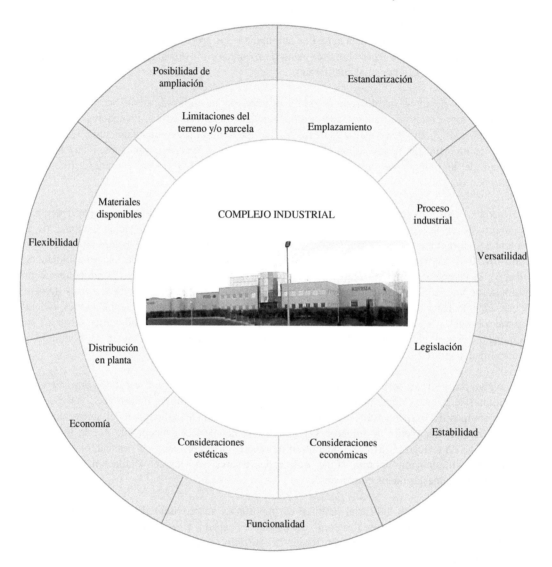

Fig. 1.2 Factores a tener en cuenta en la implantación de un complejo industrial

En resumen, estamos pues, ante una materia integradora de todo un conjunto de factores decuyo análisis global obtendremos como resultado un sistema complejo, que dará respuesta a un enorme conjunto de necesidades que conforman el complejo industrial.

1.3 Evolución de los complejos industriales

A lo largo de la historia, los factores o variables que determinan la ubicación, creación e implantación de complejos industriales han ido cambiando, condicionados básicamente por los avances tecnológicos y la sensibilidad de la sociedad ante determinadas situaciones.

Para citar algunos ejemplos, en el siglo XIII, la industria era básicamente artesanal (talleres gremiales), las dimensiones y formas de los edificios que albergaban este tipo de industrias se asemejaban a las viviendas, estaban situadas en las ciudades y se agrupaban según la actividad o el oficio. Los edificios eran básicamente de madera y obra cerámica, con lo que el riesgo de incendio era muy elevado.

En el siglo XVIII, cuando se produjo la Revolución Industrial, se construyeron las primeras fábricas. A partir de ese momento, la arquitectura de la industria adoptó el hierro fundido como material constructivo para abaratar costes, adaptarse a las necesidades de las dimensiones de las industrias y reducir el riesgo de incendio.

En ese momento, la arquitectura industrial inició su proceso diferenciador. Se pasó de tomar como referencia la medida humana a situar el punto de referencia en la maquinaria y sus instalaciones, y es éste un aspecto que distingue esencialmente la arquitectura industrial de la primera industrialización.

Las fábricas adoptaron una planta rectangular y una cubierta a dos aguas, que dejaba libres espacios antes ocupados por columnas y pilares. La iluminación de tales plantas se realizaba a través de diferentes sistemas, aunque el más extendido fue el de diente de sierra.

Así pues, el avance tecnológico de la sociedad gracias a nuevos inventos como el de la máquina de vapor provocó un cambio en la industria, en su arquitectura y en su construcción, que acabó afectando a los complejos industriales. Debido a la aparición de grandes fábricas, la población tendió a aglutinarse en puntos geográficos concretos en busca de trabajo, con lo que se construyeron grandes cantidades de viviendas al lado mismo de las industrias y así surgieron las ciudades industrializadas, que generaban contaminación.

Por otro lado, durante el siglo XIX, las innovaciones tecnológicas y el aumento de la producción requerían cada vez naves con luces mayores. El edificio industrial, pues, pasó a convertirse en una gran construcción aislada. Estos edificios se construyeron primero con ladrillo y luego con hormigón armado. Las fábricas ya estaban totalmente orientadas a la producción, así que la estética pasó a un segundo plano, y el uso y la funcionalidad del edificio pasaron a ser los aspectos más importantes.

A principios del siglo XX, con la aparición de las cadenas o líneas de montaje, se empezó la producción masiva. Los edificios se construyeron de hormigón armado o con estructura metálica. La estructura que se impuso fue la de pórticos y una sola planta. Se comenzaron a utilizar cerramientos de fachada con muros cortina y se empezaron a estructurar los volúmenes de los edificios según las diferentes actividades que se realizaban en ellos. Además, con la electricidad, la iluminación y la aireación del edificio dejaron de depender de la naturaleza, así que el complejo industrial se convirtió en un contenedor neutro de la producción.

A mediados del siglo XX, se producen numerosos cambios en la sociedad, que afectan completamente al concepto de construcción industrial. Se reconocen los derechos de los trabajadores; se tiene en cuenta la seguridad en el trabajo; se utilizan nuevos materiales, como los prefabricados y los plásticos; se impone la sensibilidad medioambiental; se agrupan las fábricas lejos de los núcleos urbanos (polígonos industriales), etc.

Además, a partir de los años ochenta, surge en las empresas la idea de crear imagen de marca y construyen complejos industriales con un diseño cuidado y utilizando materiales de alta tecnología.

Como se puede observar, los cambios en la sociedad se traducen en cambios en las estructuras organizativas, cambios en la concepción del trabajo, etc. Paralelamente, la industria se adapta a las necesidades de la sociedad, al igual que los métodos constructivos y la concepción arquitectónica de los complejos industriales se adaptan a las necesidades de la industria.

Fig. 1.3 Evolución de los factores que afectan a la implantación de un complejo industrial

2 Elementos del sistema de producción

2.1 Introducción

En cualquier proyecto de implantación, no puede perderse de vista que la parte más importante es el sistema productivo. Por este motivo, es muy importante conocer cuáles son las necesidades del proceso de fabricación y tenerlas en cuenta en el momento de concebir su distribución en planta.

Las necesidades de un proceso de fabricación pueden ser básicamente de dos tipos: directas o indirectas. Las primeras se centran en las necesidades energéticas o de espacio físico del propio proceso, mientras que las segundas son los elementos auxiliares del sistema de producción. Estos últimos, aunque no afecten de forma directa al proceso industrial, son imprescindibles para que pueda funcionar (por ejemplo, los servicios administrativos, vestuarios, comedores, etc.). Su ubicación respecto a los espacios propiamente productivos es muy importante. En caso de no tenerse en cuenta, se corre el riesgo de que la solución final pierda funcionalidad e, incluso, que no se haya previsto espacio suficiente para alguno de estos elementos auxiliares. Así pues, para realizar una implantación de un complejo industrial se deben definir las necesidades del proceso industrial y cómo se distribuyen los diferentes elementos directos y auxiliares del sistema de producción en el espacio.

2.2 El proceso industrial

Un proceso industrial engloba muchas funciones, que se pueden clasificar en:

a) *Diseño del producto* para definir las características del producto a fabricar.
b) *Planificación del proceso.* Incluye la especificación de las secuencias operacionales necesarias para transformar la materia prima en un producto terminado.
c) *Operaciones de producción*, generalmente clasificadas en dar forma, tratar y ensamblar.
d) *Transporte de material*, relacionado con las operaciones de mover partes del producto, herramientas, residuos, etc.
e) *Distribución en planta del proceso*, que trata de la situación física de los procesos productivos con las instalaciones necesarias.
f) *Planificación y control de la producción*, cuya función es determinar los niveles de producción que la empresa puede absorber de forma eficiente.

Antes de estudiar los distintos métodos de producción, es necesario definir qué es la producción.

"La producción es el resultado obtenido de un conjunto de hombres, materiales y maquinaria (incluye las herramientas y el equipo) actuando bajo alguna forma de dirección. Los hombres trabajan sobre cierta clase de material con ayuda de la maquinaria, cambian la forma o las características del material o le añaden otros materiales distintos, para convertirlo en un producto."

Fundamentalmente, existen siete modos de relacionar, en cuanto al movimiento, estos tres elementos de producción:

a) *Mover el material.* Probablemente, el elemento que se mueve más corrientemente. El material se mueve de un lugar de trabajo a otro, de una operación a la siguiente. (Por ejemplo, una planta embotelladora, un taller de maquinaria, una refinería de petróleo).

b) *Mover los hombres.* Los operarios se mueven de un lugar de trabajo al siguiente, realizando las operaciones necesarias sobre cada pieza o parte del material, rara vez tiene lugar sin que los hombres lleven con ellos alguna maquinaria, o al menos, sus herramientas. (Por ejemplo, ordenar material en un almacén).

c) *Mover la maquinaria.* El trabajador mueve a su lugar de trabajo diversas herramientas o máquinas, para trabajar sobre una pieza grande. (Por ejemplo, una máquina móvil de soldar, un taller móvil de forja).

d) *Mover material y hombres.* El trabajador se mueve con el material realizando una determinada operación en cada máquina o lugar de trabajo. (Por ejemplo, la fabricación de herramientas, la instalación de piezas especiales en una línea de producción).

e) *Mover el material y maquinaria.* El material y la maquinaria o las herramientas se llevan a los hombres que realizan la operación. Raras veces es práctico, excepto en lugares de trabajo individuales. (Por ejemplo, herramientas y dispositivos de fijación que se mueven con el material a través de una serie de operaciones de mecanizado).

f) *Mover hombres y maquinaria.* Los trabajadores se mueven con las herramientas y con el equipo, generalmente alrededor de una gran pieza fija. (Por ejemplo, herramientas y dispositivos de fijación que se mueven con el material a través de una serie de operaciones de mecanizado).

g) *Mover material, hombre y maquinaria.* Generalmente, es demasiado caro e innecesario mover los tres factores. (Por ejemplo, ciertos trabajos de montaje donde las herramientas y los materiales son pequeños).

En construcción, los materiales, las máquinas y la gente se llevan a la obra. En fabricación, por lo general, las máquinas y la gente están en un lugar fijo, y sólo se desplazan los materiales.

En fabricación, la primera decisión es el grado de especialización del trabajo y de la máquina, en función de las operaciones industriales. En general, las operaciones industriales típicas se pueden clasificar en: conformar, tratar o ensamblar.

a) *Operaciones de conformado.* Cambiar la forma o la apariencia física de un material o una parte del material puede ser necesario cuando se crea un producto. Algunas de las operaciones de conformado son: fundición, forja, extrusión, enrollado, estampado, doblado, taladrado, cortado, hilado, estirado, soldado, moldeado, etc.

b) *Operaciones de tratamiento.* El objetivo es cambiar la apariencia física del material. Algunos tipos de operaciones de tratamiento son: tratamiento térmico, trabajo en caliente, trabajo en frío, etc.

c) *Operaciones de ensamblaje.* El objetivo es unir distintos materiales o partes. Para ensamblar una o varias partes, se necesitan distintos métodos: soldadura, remache, atornillado, encolado, prensado, encajado, etc.

Por ejemplo, para definir el grado de especialización para ensamblar una pieza, ésta se podría realizar toda ella en una estación de trabajo, o bien cada paso se podría hacer en una estación de trabajo separada.

Existen, pues, distintos métodos de producción: la disposición por proceso o función, la disposición por producto o en línea (línea de producción) y la célula de tecnología. Cada enfoque tiene ventajas y desventajas, y existen múltiples criterios de diseño posibles.

2.2.1 Disposición por proceso o función

La disposición por proceso o función se basa en un grupo de máquinas solas similares, cada una de las cuales desempeña sólo unas funciones especializadas (por ejemplo, un grupo de tornos, un grupo de fresadoras, un grupo de taladros).

Las máquinas están agrupadas para facilitar el movimiento del operario y la supervisión técnica, ya que el movimiento del producto entre máquinas no es una secuencia estándar. En general, cada máquina tiene un operario que trabaja solamente en esa máquina.

Ejemplos de disposición por proceso pueden ser las fábricas de hilados y tejidos, los talleres de mantenimiento, las industrias de confección, etc.

Ventajas:

- Menor inversión en máquinas, debido a que la duplicidad es menor.
- Gran flexibilidad para realizar trabajos. Es posible asignar tareas a cualquier máquina de la misma clase que esté disponible en ese momento. Es fácilmente adaptable a demandas intermitentes.
- Los operarios tienen que saber utilizar cualquier máquina del grupo.
- Las averías en la máquina no interrumpen toda una serie de operaciones.

Inconvenientes:

- No existe ninguna vía específica definida por la cual tenga que circular el trabajo. Existe mayor dificultad para fijar rutas y programas. Esto provoca la necesidad de una atención minuciosa para coordinar la labor, el aumento del tiempo total de fabricación, la necesidad de instruir a los operarios, etc.

- La separación de las operaciones y las mayores distancias que tienen que recorrer para el trabajo dan como resultado más manipulación de materiales y costos más elevados. Se emplea más mano de obra.
- La falta de disposiciones compactas de producción en línea y el mayor esparcimiento entre las unidades del equipo en departamentos separados significan más superficie ocupada por la unidad de producto.

Este tipo de distribución es recomendable en los siguientes casos:

- Cuando la maquinaria es costosa y no puede moverse fácilmente.
- Cuando se fabrican productos similares pero no idénticos.
- Cuando varían notablemente los tiempos de las distintas operaciones.
- Cuando se tiene una demanda pequeña o intermitente.

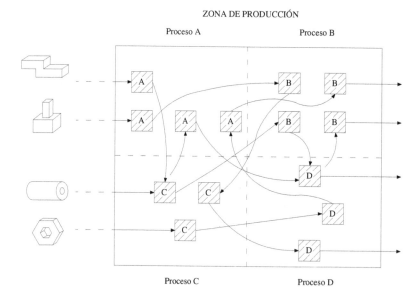

Fig. 2.1 Distribución en planta orientada al proceso

2.2.2 Disposición por producto o en línea

Vulgarmente denominada "producción en cadena", sitúa una operación inmediatamente después de la otra y el equipo necesario se organiza en función de la secuencia operacional.

Es una opción adecuada cuando existe una demanda elevada de uno o varios productos más o menos normalizados.

La línea de producción más común es la de ensamblaje. Tiene tanto ejecución de operaciones como artículos que se agregan en la estación. Hay tanto operaciones como funciones de transporte. Ejemplos de éstas son el ensamblaje de productos (automóviles, televisores, ropa), líneas de empaque, líneas de procesamiento de productos químicos, líneas de llenado, etc. No es necesario que en las líneas de producción se haga continuamente un solo producto. Cabe tres posibilidades:

1) un solo producto hecho continuamente;
2) muchos productos hechos secuencialmente en lotes;
3) muchos productos hechos simultáneamente.

El trabajo se divide entre los elementos de la línea. Si la cantidad de trabajo es igual en cada estación, la línea está equilibrada. Una línea bien diseñada tiene:
- mínimo tiempo en cada subproceso;
- tiempo suficiente en cada subproceso para que cada trabajador pueda terminar su trabajo;
- coste de capital mínimo para el equipo y para el trabajo en proceso.

El transporte entre subprocesos no es preciso que se realice por medio de transportador y no tiene que ser a una velocidad fija. Entre las operaciones o subprocesos puede haber almacenes o depósitos con el fin de desacoplar la línea; éstos se llaman "amortiguadores". Las líneas de producción tienden a distribuirse de modo lineal, aunque pueden tener forma de L o U.

Ventajas:

- El trabajo se mueve siguiendo rutas mecánicas directas, lo cual reduce los retrasos en la fabricación, incrementa la coordinación de la fabricación, simplifica el control de producción y reduce el tiempo total de producción.
- El recorrido del material y los trabajos sobre una serie de máquinas sucesivas, contiguas o puestos de trabajo adyacentes es más corto, lo cual reduce la manipulación de materiales.
- La menor cantidad de trabajo en curso reduce la acumulación de materiales en las diferentes operaciones y en el tránsito entre éstas.
- La concentración de la fabricación reduce la superficie ocupada por unidad de producto.
- Se obtiene una mejor utilización de la mano de obra debido a que existe mayor especialización del trabajo.

Inconvenientes:

- Elevada inversión en máquinas, debido a sus duplicidades en diversas líneas de producción.
- Los costes de fabricación pueden tender a ser más altos, aunque los de mano de obra por unidad quizás sean más bajos debido a los gastos generales elevados en la línea de producción. Estos gastos son especialmente altos por unidad cuando las líneas trabajan con poca carga.
- Existe el peligro que se pare toda la línea de producción si una máquina sufre una avería. A menos que haya varias máquinas de una misma clase, son necesarias reservas de máquina de reemplazo o que se hagan reparaciones urgentes inmediatas para que el trabajo no se interrumpa.
- Menos flexibilidad en la ejecución del trabajo porque las tareas no pueden asignarse a otras máquinas similares como en la disposición por procesos.

- Menos pericia de los operarios. Cada uno aprende un trabajo en una máquina determinada y, a menudo, sólo tiene que alimentarla.

Este tipo de distribución es recomendable en los casos siguientes:

- Cuando se fabrica una pequeña variedad de piezas o productos.
- Cuando difícilmente se varía el diseño del producto.
- Cuando la demanda es constante y se tienen altos volúmenes.
- Cuando es fácil equilibrar las operaciones.
- Cuando el suministro de materiales es fácil y continuo.

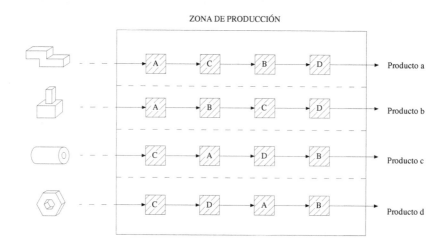

Fig. 2.2 Distribución en planta orientada al producto

2.2.3 Célula de tecnología

Entre la disposición por producto y la disposición por proceso se encuentra la célula de tecnología. Ésta se puede definir como una agrupación de máquinas y trabajadores que elaboran una sucesión de operaciones sobre múltiples unidades de un ítem o familia de ítems. Se agrupan las partes de familias basadas en requisitos de maquinarias comunes (y otros aspectos como las formas, la composición de material, los requerimientos de herramientas, etc.) para facilitar el control de producción y la preparación.

La fabricación celular busca poder beneficiarse de la eficiencia de las distribuciones por producto y de la flexibilidad de la distribución por proceso. Ésta consiste en la aplicación de los principios de la tecnología de grupos a la producción, agrupando *outputs* con las mismas características en familias y asignando grupos de máquinas y trabajadores para la producción de cada familia.

Entre otros, se aplica a la fabricación de componentes metálicos de vehículos y maquinaria pesada en general. Lo normal es que se formen agrupaciones físicas de máquinas y trabajadores. En este caso, además de la necesaria identificación de las familias de productos y la agrupación de equipos, deberá abordarse la distribución interna de las células, que podrá hacerse a su vez por producto, por proceso o como mezcla de ambas, aunque lo habitual es que se establezca de la primera forma.

En este tipo de proceso industrial se tiende a utilizar computadoras en la fabricación (sistemas CAD/CAM, CIM, etc.).

En las células, se fabrican partes similares con una gama definida de tamaños. Las máquinas y todo lo necesario (plantillas, accesorios, instrumentos de medición, etc.) se ubican en la célula, pero normalmente los procesos especializados (como el tratamiento en caliente) se efectúan fuera de la célula, pues requieren un gran desembolso de capital.

Su distribución tiende a ser circular o en forma de U para reducir al mínimo la distancia de transporte.

Ventajas:

- Mejora de las relaciones humanas y la pericia de los operarios, pues están entrenados para manejar cualquier máquina de la célula y asumir de forma conjunta las responsabilidades.
- Disminución del traslado, el manejo del material en proceso a través de la planta y los tiempos de preparación, porque una célula incluye varias etapas del proceso de producción que engloban los mismos productos.
- Disminución del tiempo de fabricación.
- Simplificación de la planificación, lo cual facilita la supervisión y el control visual.
- Menor coste de producción y mejora en los tiempos de suministro y en el servicio al cliente.

Inconvenientes:

- Para reducir al mínimo los costes de preparación, algunos artículos se producen antes de la fecha de cumplimiento, lo que genera un stock y con ello la necesidad de espacio para almacenarlo.
- Reducción de la flexibilidad del proceso.
- Incremento potencial de los tiempos inactivos de las máquinas, pues están dedicadas a la célula y difícilmente podrán ser utilizadas todo el tiempo.
- Riesgo de que las células queden obsoletas a medida que los productos y/o procesos cambian.

Este tipo de distribución es recomendable cuando existe una cantidad media de subprocesos y un volumen medio de producción.

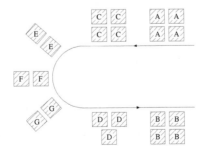

Fig. 2.3 Distribución en planta mediante células de tecnología

En la tabla 2.1 se muestran las características en cuanto al producto, al flujo de trabajo, a la mano de obra, al personal, al manejo de materiales, a los inventarios, a la utilización de espacios, a la necesidad de capital y al coste del producto de las distintas disposiciones de producción.

Tabla 2.1 Características de la distribución en planta, por proceso y por producto

	Por proceso	*Por producto*
Producto	Diversificado. Volúmenes de producción variables. Tasas de producción variables.	Estandarizado. Alto volumen de producción. Tasa de producción constante.
Flujo de trabajo	Flujo variable. Cada producto puede requerir una secuencia de operaciones propia.	Línea continua o cadena de producción. Todas las unidades siguen la misma secuencia de operaciones.
Mano de obra	Fundamentalmente calificada, sin necesidad de una estrecha supervisión y moderadamente adaptable.	Altamente especializada y poco calificada. Capaz de realizar tareas rutinarias y repetitivas a ritmo constante.
Personal	Necesario en la programación, el manejo de materiales y el control de la producción y los inventarios.	Numeroso personal auxiliar en supervisión, control y mantenimiento.
Manejo de materiales	Variable; a menudo hay duplicaciones, esperas y retrocesos.	Previsible; sistematizado y, a menudo, automatizado.
Inventarios	Escaso inventario de productos terminados. Altos inventarios y baja rotación de materias primas y materiales en curso.	Alto inventario de productos terminados. Alta rotación de inventarios de materias primas y material en proceso.
Utilización del espacio	Ineficiente; baja salida por unidad de superficie. Gran necesidad de espacio del material en proceso.	Eficiente; elevada salida por unidad de superficie.
Necesidad de capital	Inversiones más bajas en proceso y equipos de carácter general.	Elevada inversión en procesos y equipos altamente especializados.
Coste del producto	Costes fijos relativamente bajos. Alto coste unitario por mano de obra y materiales.	Costes fijos relativamente altos. Bajo coste unitario por mano de obra y materiales.

2.3 Diseño del proceso industrial

Al diseñar un proceso industrial, se deben seguir los pasos siguientes: identificación, selección y secuenciación.

a) Identificación del proceso (esta información se obtiene de la fase de diseño del producto):

1. Definir el método de producción: por proceso, por producto o por célula tecnológica.
2. Producir/comprar (proceso de fabricación o de montaje).
3. Lista de componentes: número de componentes, nombre de los componentes, número de componentes por producto, planos de referencia.
4. Relación de materiales.

b) Selección del proceso:

1. Definir las operaciones elementales.
2. Identificar procesos alternativos para cada operación.
3. Analizar los procesos alternativos.
4. Estandarizar los procesos.
5. Evaluar alternativas de procesos.
6. Seleccionar los procesos.

Como resultado, obtenemos procesos, equipos y materias primas necesarias para la producción. Se debe obtener información sobre: definición de los componentes; secuencias operacionales; necesidad de equipos; tiempos unitarios (tiempo de puesta en marcha y de operación); necesidades de materias primas, con su descripción y cantidades.

c) Secuenciación del proceso: se debe definir un esquema para secuenciar las operaciones, en el que se indique cómo se ensamblan los componentes.

2.4 Representación gráfica del proceso industrial

Para identificar, seleccionar y secuenciar un proceso industrial de forma global y gráfica, se deben realizar una serie de diagramas y fichas de máquinas. El objetivo de estos diagramas es graficar todas las necesidades del proceso, mediante la representación de las operaciones, las máquinas, los suministros, etc.

2.4.1 Diagrama de proceso

En este diagrama, se representan gráficamente todas las operaciones que se llevan a cabo en todos y cada uno de los procesos industriales existentes en la implantación.

Se construye situando las operaciones según el orden que el proceso requiera y que se habrá estudiado anteriormente. Puede ser necesario un diagrama de este tipo para cada uno de los procesos que se desarrollen en la industria que se está estudiando.

En la figura 2.4, se puede observar un ejemplo de un diagrama de proceso, denominado también diagrama de operaciones. Normalmente, se empieza con la entrada de las materias primas y se termina con la salida del producto acabado, aunque esta estructura no tiene por qué repetirse en la totalidad de los casos. Las operaciones que se llevan a cabo en el proceso se representan mediante bloques.

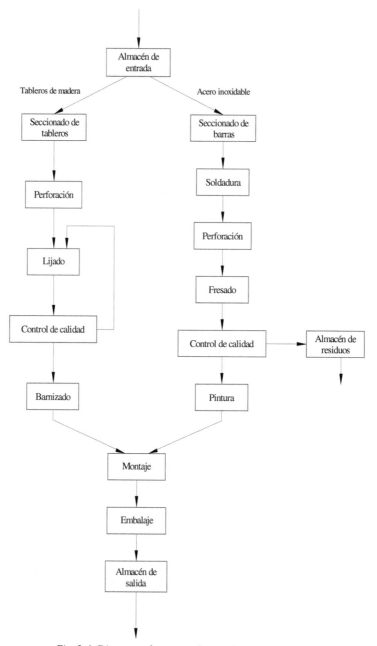

Fig. 2.4 Diagrama de proceso/operaciones

2.4.2 Diagrama de maquinaria

Una vez terminado el diagrama de proceso, se realiza el diagrama de maquinaria.

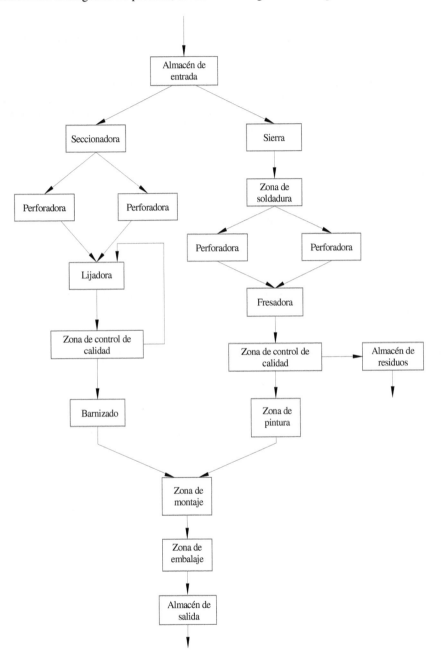

Fig. 2.5 Diagrama de maquinaria

En el diagrama de máquinas, se representan todas las máquinas y espacios (zonas de trabajo manual) necesarios para conseguir el producto acabado a partir de las materias primas de la actividad. Por tanto, describe todas las máquinas que aparecen en el proceso industrial de la actividad que se quiere implantar.

El orden del diagrama de maquinaria vendrá impuesto por el orden de las operaciones que se indican en el diagrama anterior.

En la figura 2.5, se ilustra un ejemplo de diagrama de maquinaria. Se puede observar que se conserva la estructura del diagrama de proceso. En el caso de que existan máquinas iguales que trabajen en paralelo en una misma operación, se dibujarán todas, a no ser que sea físicamente imposible. En este último caso, se indicará con una leyenda el número de máquinas iguales.

2.4.3 Diagrama de flujos

En el diagrama de flujos, se representan todas las entradas y salidas de cualquier producto o suministro en la maquinaria del proceso industrial.

Se empieza a partir del diagrama de máquinas, realizado anteriormente, y se añade los posibles *inputs* y *outputs* de las máquinas.

Como ejemplo, los flujos pueden ser: energía eléctrica (en caso de ser una cantidad considerable), aire a presión (circuito neumático), agua (para refrigeración o para otros usos), materia prima intermedia, etc.

Asimismo, también se grafican las cantidades de producto no acabado que pasan de una máquina a otra (materia prima principal). Todo esto permite identificar, de una manera muy primaria, las posibles instalaciones, equipos de producción, etc., a falta de un análisis posterior mucho más trabajado.

Todos los *inputs* y *outputs* deben estar acompañados de las cantidades respectivas con sus unidades del sistema internacional (por ejemplo, m^3/h, kW, l/s, kg/hora, etc.) y el tipo o tratamiento previo (por ejemplo, agua tratada, aire filtrado, etc.).

En la figura 2.6, se representa un ejemplo de un diagrama de flujos. Se puede observar que la base es el propio diagrama de maquinaria, al que se añaden las entradas y salidas de cada máquina.

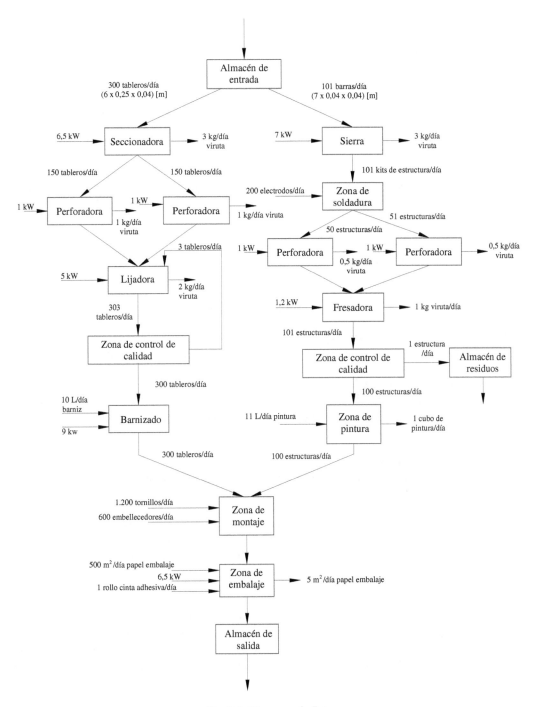

Fig. 2.6 Diagrama de flujos

2.4.4 Fichas de máquinas

La información de cada una de las máquinas que interviene en el proceso industrial se debe reflejar en su respectiva ficha de máquina. En general, deben contener dos tipos de información: una primera de texto y una segunda de información gráfica.

En la primera, se indican las características de las máquinas, como el nombre, el consumo, la capacidad de producción, los residuos, los suministros energéticos necesarios, las dimensiones, el peso, etc., así como otras características más particulares, como puede ser que se necesiten cimientos donde apoyar la máquina.

En la segunda parte, se incluye un croquis de la máquina (planta y alzado) con sus espacios necesarios y, en algunas ocasiones, si es necesario para entender mejor algún detalle, se adjunta alguna fotografía.

Sobre el croquis, se deben representar:

1. Las dimensiones más básicas de la máquina.
    La finalidad es tener una idea del espacio que ocupa físicamente.

2. El posicionamiento de las entradas y salidas energéticas.
    El objetivo es saber hasta dónde se deberá hacer llegar la toma de este suministro.

3. El dimensionado de los espacios necesarios.
    La finalidad es definir aquellos espacios que no se pueden ocupar y aquellos que se pueden compartir con otras máquinas. Para ello, se deben acotar los espacios de uso propio, de uso exclusivo y de uso compartido.

    a) Espacio de uso propio.
       Es el espacio físico que ocupa la máquina, en el que no puede haber nada más.

    b) Espacio de uso exclusivo.
       Es el espacio, aparte del espacio propio de la máquina, que necesita ésta para poder trabajar. Por ejemplo, el espacio de uso exclusivo es aquel espacio en el cual el operario está manipulando. En este espacio, no puede cohabitar nada más, puesto que, de lo contrario, sería imposible poder trabajar con esta máquina.

    c) Espacio de uso compartido.
       Es aquel espacio que puede necesitar la máquina en algunas ocasiones, pero que se puede compartir con otros usos. Por ejemplo, son espacios de uso compartido los pasillos para acceder a la máquina, o una zona necesaria para abrir una puerta de la máquina para su mantenimiento. Estos espacios pueden ser comunes a los espacios compartidos de otras máquinas.

En la figura 2.7 se puede apreciar un ejemplo de una ficha de máquinas.

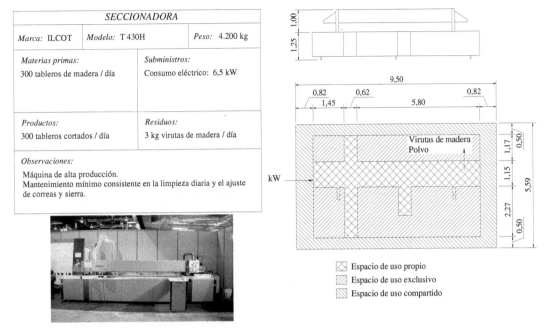

Fig. 2.7 Ficha de máquina

Mediante las fichas de máquinas y los diagramas de proceso, máquinas y flujo, se consigue tener perfectamente definidos (de forma gráfica) el proceso industrial y su maquinaria para la actividad a implantar.

El diagrama de proceso sirve para tener claras las operaciones que se desarrollarán en el proceso industrial. Éste resulta muy interesante cuando se quiere explicar a otra persona qué se hará concretamente en la nueva planta (por ejemplo, al cliente).

El diagrama de máquinas, junto con los espacios de trabajo manual y las fichas de máquinas, es muy útil para realizar una primera estimación de la superficie necesaria para la zona de producción.

El diagrama de flujos representa todas las entradas secundarias necesarias en el proceso industrial, así como todas las salidas secundarias (por ejemplo, los residuos a tratar).

2.5 Configuraciones básicas de los procesos industriales

El recorrido de los materiales condiciona las posibles configuraciones de los procesos industriales. Para definir la configuración del proceso industrial, se debe tener en cuenta:

- *El diseño del producto.* Afectará a la secuencia de las operaciones y, por lo tanto, a la distribución. Por consiguiente, es importante obtener los datos necesarios del diseño del producto, tales como: dibujos de producción, gráficos de ensamblaje, lista de partes, lista de materiales y prototipos del producto.

- *El diseño del proceso.* Determina si un componente ha de ser comprado o manufacturado en planta, cómo se fabricará, qué equipo se requiere y cuál será el tiempo para las operaciones.

- *La ruta.* Indica los datos básicos para analizar el flujo de materiales. Dicha ruta ha de examinarse y probarse razonablemente para obtener mejoras.

- *El flujo de materiales.* Deberá analizarse en función de la secuencia de los materiales en movimiento (ya sean materias primas, materiales en productos terminados) según las etapas del proceso y la intensidad o magnitud de esos movimientos. Un flujo efectivo será aquel que lleve los materiales a través del proceso, siempre avanzando hacia su acabado final, y sin detenciones o retrocesos excesivos.

  Los factores que afectan al tipo de flujo pueden ser, entre otros:

  - Medio de transporte externo.
  - Número de partes en el producto y operaciones de cada parte.
  - Secuencia de las operaciones de cada componente y número de subensamblajes.
  - Número de unidades a producir y flujo necesario entre áreas de trabajo.
  - Cantidad y forma del espacio disponible.
  - Influencia de los procesos y ubicación de las áreas de servicio.
  - Almacenaje de los materiales.

En la figura 2.9, se pueden observar distintos tipos de flujo de materiales.

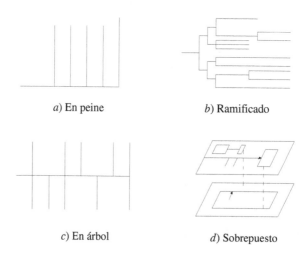

a) En peine   *b)* Ramificado

c) En árbol   *d)* Sobrepuesto

Fig. 2.8 Tipos de flujo de materiales

Además, las configuraciones y distribuciones de los distintos elementos que forman parte del proceso productivo pueden llegar a ser muy variadas, dependiendo de los enfoques del proceso industrial (por producto, por proceso, celular) o de algunas limitaciones de espacio o de parcela (número de posibles accesos que hay en el edificio, forma del edificio (cuadrado, rectangular, no regular, etc.), si la parcela se encuentra en una esquina, un desnivel del terreno, un flujo vertical, etc.).

En función del tipo de edificio, podemos clasificar las configuraciones en horizontal y vertical. La figura 2.9 muestra distintos tipos de flujo horizontal cuando se dispone de una única planta.

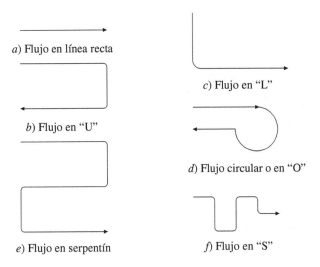

Fig. 2.9 Tipos de flujo horizontal

En el flujo vertical se utiliza la altura, como en una planta de varios pisos, como se muestra en la figura 2.10.

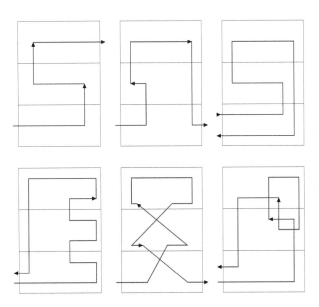

Fig. 2.10 Tipos de flujo vertical en una planta de tres pisos

2.6 Prediseño de la zona de producción

Entendemos por zona de producción el espacio destinado a la ubicación del proceso industrial y que incluye las máquinas, instalaciones, herramientas, zonas de acopio de material junto a las máquinas, espacios necesarios para el buen funcionamiento del proceso (pasillos, espacios de uso compartido, etc.), espacios necesarios para desarrollar procesos manuales, etc.

Para realizar un prediseño de la zona de producción, es necesario partir del diagrama de flujos, las fichas de máquinas y la configuración del proceso industrial.

Inicialmente, se deben situar las máquinas y sus espacios (de uso propio, de uso exclusivo, de uso compartido) en la secuencia del proceso industrial y con la configuración inicial que se haya definido.

Los espacios de uso compartido nos indicarán las necesidades de pasillos y los espacios de acopio de materiales dentro del proceso industrial, con lo que podremos prediseñar la zona de producción.

Para ello, cabe tener en cuenta los requisitos mínimos de dimensiones de pasillos, vehículos que deben transitar por ellos, flujo de materias, flujo de personal, instalaciones adicionales necesarias para el funcionamiento del proceso (por ejemplo, los depósitos para el almacenaje de residuos).

Con esta información, se puede ya realizar un primer diseño de la zona de producción y obtener unas dimensiones básicas para poder realizar posteriormente la implantación global de toda la nave industrial.

A medida que se vayan definiendo los distintos elementos auxiliares (almacenes, servicios administrativos, etc.), este prediseño puede ir variando y hasta puede ser que la configuración inicial del proceso industrial requiera unos retoques o cambios para adaptarlo a las necesidades de todos los elementos que intervienen en la planta industrial.

Para definir la configuración de un proceso industrial óptimo, se debe partir de unos objetivos iniciales:

- Facilidad de expansión o contracción futuras: simplicidad para aumentar o reducir el espacio empleado.
- Adaptabilidad y versatilidad: facilidad para adaptar cambios y variedad de elementos en la distribución de la planta tal como se planteó, sin modificarla.
- Flexibilidad de la distribución: facilidad para modificar la distribución y para permitir los cambios.
- Efectividad de flujo o movimiento: efectividad de las operaciones o pasos del trabajo secuenciado de materiales o personal.
- Efectividad de almacenamiento: efectividad para mantener las existencias necesarias.
- Aprovechamiento del espacio: utilización del espacio en planta y alzado (espacio cúbico).
- Integración del servicio de apoyo: adaptación de las áreas de apoyo (mantenimiento, control, etc.) al propio proceso.
- Seguridad y limpieza: evitar los accidentes y potenciar la limpieza general.
- Condiciones de trabajo y satisfacción de los trabajadores: contribuir a hacer que el área sea un lugar agradable para trabajar.

- Facilidad de supervisión y control: disponer los elementos del proceso productivo para facilitar que los supervisores dirijan y controlen las operaciones.
- Mantenimiento: disponer los elementos del proceso productivo para facilitar el mantenimiento.
- Aprovechamiento del equipo: disponer los elementos del proceso productivo para aprovechar el equipo operativo y de servicio.
- Compatibilidad con los planes a largo plazo: ajustarse al plan a largo plazo.

Los beneficios de una buena distribución son:

- Se reduce el manejo de materiales.
- Se utilizan mejor la maquinaria, la mano de obra y los servicios.
- Se reduce el material en proceso.
- Se fabrica más rápido.
- Se obtiene una vigilancia mejor y más fácil.
- Se obtiene una menor congestión.
- Se facilita el mantenimiento del equipo.
- Se obtiene un mejor aspecto de las zonas de trabajo.

Para obtener una buena distribución de la zona de producción, es necesario tener en cuenta:

- El espacio, sea superficie de suelo o espacio cúbico, es caro, pues debe calentarse, iluminarse, limpiarse y estar bien conservado. Al aumentar la cantidad de espacio (innecesario) por máquina, estos gastos crecen sin añadir valor al producto. Una asignación demasiado liberal de espacio alrededor de las máquinas, las zonas de trabajo y almacenamiento y los puestos de trabajo implica ineficiencia con respecto a varias funciones importantes. El espacio no utilizado invita al almacenamiento de piezas defectuosas o residuos, lo que provoca una acumulación de chatarra sin valor real que debe retirarse de vez en cuando.

- Los materiales y las piezas deben llevarse a las máquinas y retirarse de las mismas; la posición de éstas con respecto a los pasillos o equipos de manejo de materiales afecta a la duración de aquellas operaciones y a la comodidad con que se efectúan.

- La posición de una máquina en relación con los pasillos en cuanto al abastecimiento de materiales y a la evacuación de piezas trabajadas debe determinarse mediante un análisis de las condiciones de cada máquina. Los factores más importantes a considerar son el tamaño, la forma, la cantidad y el peso de los materiales empleados, el número de productos distintos que se elaboran en la máquina y el sistema de manipulación de los materiales.

- En una distribución *por proceso*, la flexibilidad en la ordenación de las máquinas es esencial (los diversos tipos de productos o materiales deben poder entrar y salir convenientemente), mientras que, en una distribución *por producto*, la máquina es solamente una de tantas en una cadena de producción y efectúa una sola operación sobre una serie de piezas fija; hay menos necesidad de flexibilidad, y debe prestarse más atención a la velocidad de producción, mediante la eliminación de operaciones y movimientos innecesarios.

- La anchura de los pasillos se debe determinar en relación con la clase y los volúmenes de materiales y el tráfico de personal que ha de circular por ellos. Se debe conocer, pues, el tamaño de las carretillas y cargas que han de recorrerlos, así como la frecuencia de los viajes y el volumen del tránsito pedestre. El pasillo debe ser algo más ancho que el mínimo exigido por el tamaño de la carga y la frecuencia del tránsito. Hay otros factores a tener en cuenta, como son el radio de giro de las carretillas y la posición de las máquinas a lo largo de los pasillos.

- La anchura de los pasillos no debe ser excesiva, para evitar que se usen como almacenes temporales, y han de tener el mínimo posible de curvas y obstáculos pues las curvas cerradas retardan el tránsito y son responsables de gran cantidad de deterioros producidos en las máquinas y los materiales almacenados, al mover las carretillas. El objetivo debe ser diseñar pasillos que sean suficientemente anchos para permitir una circulación fluida y continua del tránsito, con las mínimas interrupciones posibles.

- El puesto de trabajo ha de ser accesible para el empleado.

- Las exigencias de la seguridad son otro factor importante en la colocación de las máquinas. Se debe evitar trasladar materiales directamente por encima y muy cerca de los operarios. Deben protegerse todas las piezas del equipo, móviles o rotativas, que puedan causar accidentes.

- La distancia de los puestos de trabajo a los servicios para el personal, como lavabos, retretes, fuentes, el botiquín, el vestuario y el comedor, deben ser razonablemente cortas para reducir los tiempos que el trabajador dedica a otras tareas que no sean las de producción.

- Las zonas de almacenamiento temporal o de herramientas deben estar cerca de los puntos de utilización y poseer espacio suficiente.

- La selección del equipo de transporte de materiales se debe definir en base al tipo de materiales y piezas que han de moverse. Es importante plantear adecuadamente el sistema de transporte y no duplicar líneas innecesarias. El equipo mecánico debe consistir, en la medida de lo posible, en un conjunto de elementos de serie que lleven a cabo la operación requerida.

- Es importante reservar un espacio para el servicio de limpieza y prever un lugar adecuado para guardar los utensilios de limpieza necesarios. Se ha de procurar poder limpiar cada zona del local de una vez (sacando toda la suciedad y basura antes de empezar con otra), en lugar de barrer grandes superficies, con lo que se estorbaría a un mayor número de operarios durante más tiempo.

3 Operaciones de manutención: transporte, manipulación y almacenamiento

3.1 Introducción

El proceso industrial requiere que cada máquina o equipo se alimente con las materias primas que precise, así como que se proceda a retirar del mismo su producto acabado y los residuos de fabricación. Para ello, es necesario realizar un conjunto de operaciones de transporte, aprovisionamiento, manipulación y almacenaje de los materiales o productos ya fabricados o en curso de fabricación en un recinto industrial, que es lo que entendemos por *manutención*.

Los objetivos básicos de la manutención son mantener y mejorar la calidad del producto, reducir los daños y proporcionar una protección a los materiales, promover y mejorar las condiciones de trabajo y la productividad, así como controlar el inventario.

Es de importancia resaltar el problema que implica la manutención, pues todas las operaciones dedicadas a ella son improductivas y, por consiguiente, si pueden mejorarse en algo (reducir el tiempo en los movimientos de las piezas) se reduce el coste de producción de manera muy importante.

Las operaciones de manutención son tan importantes que en la mayor parte de los ciclos de fabricación ocupan entre el 65 y el 88 por ciento del tiempo total.

Para definir las necesidades de manutención de una industria, debe hacerse un estudio de todos los movimientos que son precisos en el proceso industrial y de los medios de que se debe disponer para realizarlos.

Los elementos de transporte y manipulación condicionarán la distribución del proceso industrial y las dimensiones no sólo de la zona de producción sino también de las puertas de paso a almacenes, zonas de control, etc.

El tipo de almacenamiento y sus características implicarán unas necesidades de espacio, cerca del proceso industrial, para almacenar las materias primas, los productos semielaborados, los productos terminados, las herramientas, etc. En función del tipo del proceso industrial, de las mercancías y los productos a almacenar y del medio de transporte seleccionado, podrán determinarse las características y dimensiones de las zonas destinadas a almacenamiento.

3.2 Transporte y manipulación

Para determinar la necesidad y el tipo de equipos necesarios de transporte y manipulación dentro del proceso industrial, es necesario analizar los movimientos requeridos en el proceso y su naturaleza.

El análisis de movimientos nos lleva a definir qué tipo de materias son las que hay que transportar. Si se trata de un fluido, se utilizará una tubería o una conducción, mientras que si se trata de materias sólidas, pero disgregadas, se puede emplear, por ejemplo, una cinta transportador; si son bultos pesados y/o grandes, se necesitarán otros medios de transporte como puentes-grúa; si se trata de piezas pequeñas, se pueden transportar mediante caídas por gravedad de una zona de trabajo a otra, etc.

El análisis de la naturaleza de los movimientos nos lleva a determinar también la forma en que se van a realizar los recorridos, es decir, si los movimientos se realizarán por el suelo, rodados, colgados, etc., y su regulación y control. La regulación automática es posible únicamente en los casos en que hay grandes series de producción, con tiempos fijos de fabricación en cada puesto de trabajo. En el caso de fabricación de series heterogéneas, o por piezas (por ejemplo, un taller de calderería), no se pueden automatizar los movimientos pero sí se pueden prever los caminos a recorrer y el medio de movimiento.

3.2.1 Manipulación del producto

En función de las características del producto a manipular, existen distintas posibilidades en cuanto al equipo o unidad de carga usado para sostenerlo o contenerlo.

La selección de la unidad de carga más adecuada se hace necesariamente en función de las características del producto (volumen, peso, manejabilidad, forma, resistencia, estabilidad y cantidad de producto contenido por unidad de continente), la optimización del espacio que se pretenda conseguir y la facilidad para la división en unidades menores. Han de utilizarse, en la medida de lo posible, unidades de carga estándar.

Tabla 3.1 Unidades de carga habituales según las características del producto

	Tipo de mercancía	Unidad de carga habitual
Manipulado a granel	Sólidos	Vagones, transportadores de tornillo, etc.
	Líquidos	Cubas, cisternas, oleoductos, etc.
	Gases	Gasoductos, tanques, vagones, etc.
Manipulado envasado	Materias primas	Sacos, contenedores, bidones y paletas
	Productos semielaborados	Cajas, cubetas, bandejas y paletas
	Productos acabados	Bolsas, sacos, cajas y paletas

En cuanto a su manejo, la carga puede cogerse por debajo, abrazarse por los lados, suspenderse de una eslinga, etc. El método de manejo condiciona necesariamente el tipo de transporte.

3.2.2 Medios de transporte

Para determinar los medios de transporte, se debe estudiar si el transporte va a realizarse por gravedad o si, por el contrario, se van a utilizar medios mecánicos. Los medios de transporte se pueden clasificar en:

a) Aparatos pesados de elevación y gran manutención: elementos que se mueven a lo largo de un camino de rodadura elevado para transportar los materiales de un punto a otro. Se utilizan para mover cargas con trayectoria variable (horizontal y vertical) cuando hay un volumen de flujo intermitente. Son instalaciones muy flexibles en cuanto a movimiento y tipo de cargas.

 - *Puentes-grúa*. Se trata de un dispositivo de elevación y transporte de materiales que se utiliza generalmente en procesos de almacenamiento o en el curso de la fabricación. Está compuesto por una doble estructura; la de apoyo y el propio carro automotor. El carro se monta sobre dos carriles apoyados en las paredes opuestas de las instalaciones por los cuales discurre; de él cuelgan el gancho y las eslingas. Es el dispositivo que puede soportar cargas más pesadas.

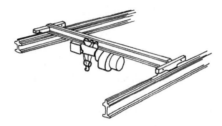

Fig. 3.1 Puente grúa

 - *Jib crane*. Se trata de un dispositivo de elevación que se desplaza de forma horizontal mediante una guía montada sobre un mástil vertical. La guía horizontal puede rotar para conseguir así un mayor radio de cobertura. Se utiliza habitualmente para tareas de posicionamiento de material.

Fig. 3.2 Jib crane

b) Aparatos de manutención continua. Se utilizan cuando el material se debe mover frecuentemente entre puntos específicos y hay un volumen de flujo suficiente para justificar su uso. Se clasifican en transportadores de cargas a granel y de cargas unitarias, en función de la naturaleza del producto. Según las características del aparato distinguimos:

- *Dispositivo de gravedad o de descarga vertical.* Es la instalación fija de manutención más simple y económica. Se emplea como enlace entre dos dispositivos para acumular material en las áreas de carga del material o para transportar objetos entre plantas, tanto para materiales a granel como envasados. Su principal inconveniente es el control de la posición de los objetos.

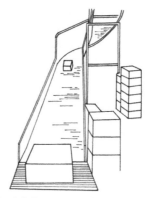

Fig. 3.3 Dispositivo de gravedad

- *Transportador de rodillo.* Puede ser de funcionamiento por gravedad o accionado mecánicamente por correa, cinta o cadena. En el primer caso, se trata de un sistema muy sencillo que requiere cargas envasadas o en contenedores, con el fin de mantener una superficie de contacto rígida con los rodillos. Las pendientes que se acostumbran a emplear son de 3-4° para cajas de madera y acero, de 5-10° para cajas de cartón y de 10-12° para sacos.   Los transportadores accionados mecánicamente permiten un transporte horizontal o inclinado ascendente moderado (de hasta 10 o 12°) o descendiente (de hasta -15°). Es un sistema apto para todo tipo de cargas y de amplísimo rango de dimensiones.

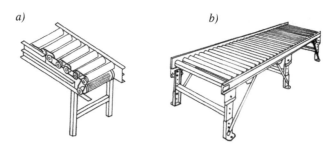

Fig. 3.4 Transportadores de rodillos: a) accionado mecánicamente; b) por gravedad

- *Banda o cinta transportadora.* Se trata de un sistema muy empleado para transportar materiales a granel y bultos o cargas unitarias. Proporciona un considerable control sobre la orientación y la colocación de la carga. La cinta se apoya en rodillos de soporte que se accionan mediante un grupo tractor. Este sistema permite trabajar en planos inclinados ascendientes y descendientes. Las cintas articuladas son una variante de la cinta transportadora en la que la banda está formada por placas rígidas de madera o por bandejas metálicas articuladas entre sí. También se puede sustituir la banda por una malla metálica.

Fig. 3.5 Banda transportadora

- *Transportador de tornillo*. Consiste en un tubo en forma de 'U' a través del cual gira un tornillo sin fin, de rosca o de tornillo de Arquímedes, que desplaza el material. Se emplea para el desplazamiento de materiales pulverulentos de grano fino, cargas moderadamente pastosas o cargas a elevada temperatura. Puede adoptar una disposición horizontal, ligeramente inclinada o vertical. Es de construcción relativamente sencilla y ocupa poco espacio aunque requiere grandes potencias.

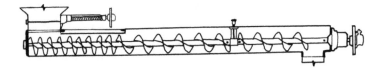

Fig. 3.6 Transportador de tornillo

- *Transporte neumático*. Se trata de un sistema de descarga por gravedad con asistencia neumática. Sirve para hacer descender tanto materiales en grano como bultos. La presión del aire permite transportar los materiales a través de un sistema de tubos verticales y horizontales, ya sea por impulsión o por aspiración.

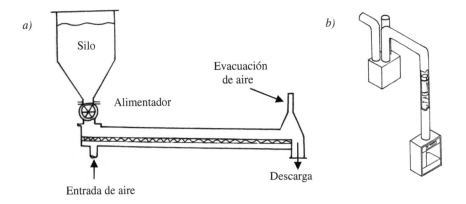

Fig. 3.7 Sistemas de transporte neumático: a) para material granulado; b) para bultos

- *Transportador vibratorio*. Se emplea para transporte de cargas incómodas, tóxicas, a alta temperatura y/o agresivas químicamente. Consiste en un tubo o canalón suspendido o apoyado en un bastidor fijo por medio de elementos elásticos.

Un vibrador produce una oscilación en la tubería que provoca el avance de la carga. Requieren poco espacio y son adecuados para distancias cortas (15-30 m).

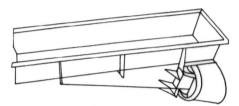

Fig. 3.8 Transportador vibratorio

- *Transportador ascendente vertical*. Se utiliza para el transporte vertical intermitente de cargas entre diferentes niveles de la nave industrial. Puede ser de accionamiento manual o automático, y conecta normalmente con bandas transportadoras horizontales.

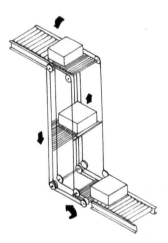

Fig. 3.9 Transportador ascendente vertical

- *Transportador aéreo de cadena*. Se emplea para el transporte continuo de una sucesión de cargas suspendidas a lo largo de un trayecto recto o curvilíneo, en plano horizontal o vertical. El camino de rodadura está formado normalmente por una viga continua en I o en H que cuelga del techo de la nave o está suspendida mediante pórticos. La cadena tiene la función de arrastrar los carros, los cuales están formados por la horquilla y el balancín. Pueden ser monocarriles o bicarriles. Estos últimos permiten que la carga abandone su carril para facilitar el intercambio de carriles o el almacenamiento. La cadena circula por un carril, mientras que el carro circula por un carril independiente.

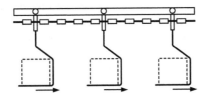

Fig. 3.10 Transportador aéreo de cadena monocarril

- *Transportes sobre carril*. Vagonetas o plataformas que ruedan sobre carriles haciendo su recorrido por el interior de la fábrica. Normalmente, cubren largas distancias y movimientos frecuentes.

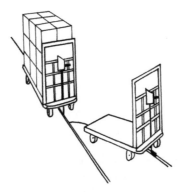

Fig. 3.11 Plataformas sobre carril

c) Transportes sobre neumáticos o carretillas. Se utilizan para mover materiales en trayectorias horizontales variables y cuando hay un flujo intermitente o insuficiente para justificar el uso de transportadores continuos. Pueden ser manuales, con tracción diésel o con tracción eléctrica, que es lo más recomendado cuando el transporte se realiza en el interior de un local, para evitar así la emisión de humos.

- *Carretillas manuales*. Es el equipo más simple de manutención. Se utiliza para manipular cargas sueltas en almacenes de reducidas dimensiones. Su uso es amplísimo pero para recorridos limitados. Capacidad de carga de hasta 1.000 kg.

a)   *b)*

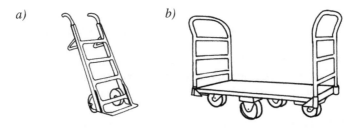

Fig. 3.12 Carretillas manuales: a) de dos ruedas; b) de plataforma

- *Transpaletas*. Se trata de carretillas de pequeño recorrido de elevación, de accionamiento hidráulico manual en la elevación y translación por arrastre, si se trata de transpaletas manuales, o mediante motor eléctrico, en el caso de las eléctricas. Son dispositivos equipados con una horquilla formada por dos brazos paralelos horizontales, unidos sólidamente a un cabezal vertical provisto de ruedas en tres puntos de apoyo sobre el suelo y que puede levantar y transportar paletas o recipientes especialmente concebidos para este uso. Este equipo se utiliza principalmente como auxiliar a otros equipos de manutención, para el tránsito en distancias cortas y de forma esporádica.

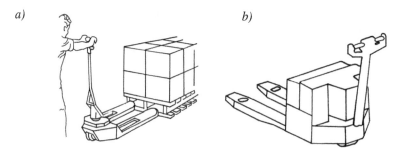

Fig. 3.13 Transpaleta: a) manual; b) eléctrica

- *Carretilla elevadora*. Se trata de un equipo con conductor montado, ya sea sentado o de pie, con capacidad para autocargarse y destinado al transporte y a la manipulación de cargas vertical u horizontalmente. También se incluyen en este concepto las carretillas utilizadas para la tracción o el empuje de remolques y plataformas de carga. El peso propio de la carretilla debe ser del orden del doble del de la carga a transportar. La capacidad de carga viene determinada por su posición y por el tipo de horquilla. Pueden ser de motorización térmica o eléctrica.

Fig. 3.14 Carretilla elevadora contrapesada

- *Aparatos filoguiados (AGV)*. Se trata de equipos similares a las carretillas convencionales, que se desplazan siguiendo unos recorridos programados sin ayuda de conductor. Son apropiados para volúmenes de carga y recorridos medios.

Los diferentes sistemas de guiado en los AGV son: guiado mecánico (prácticamente en desuso), filoguiados por cable inductivo enterrado en el suelo, guiado óptico, láser, químico y/o magnético, autoguiado por identificación de posición y navegación inercial.

Los carros filoguiados pueden tener distintas configuraciones y posibilidades de translación y/o elevación de cargas, y pueden ser de trayectoria fija o de navegación abierta.

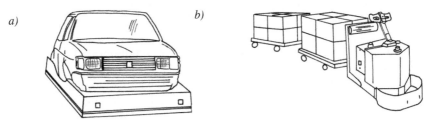

Fig. 3.15 Aparatos filoguiados: a) de ensamblaje; b) de remolque

Para escoger el tipo de medio de transporte más idóneo, una vez realizado el análisis de movimientos y su naturaleza, deben tenerse en cuenta los requisitos dimensionales y de cargas que impone el medio de transporte. Éste, además, influirá en las dimensiones del complejo industrial para dimensionar correctamente las zonas de paso, las distancias de seguridad al medio de transporte, las cargas que se imponen a la estructura, etc. Analizando todos estos requisitos, puede evitarse el mal dimensionado de las industrias. Por ejemplo, si el transporte ha de realizarse mediante carretillas, las puertas y zonas de paso serán más anchas que la carretilla.

Tabla 3.2 Dimensiones básicas de los distintos medios de transporte

Medio de transporte	*anchura (mm)*	*altura (mm)*	*longitud (mm)*
Carretillas manuales de 2 ruedas	500	1.100	450
Carretillas manuales de plataforma	850	930	1.400
Transpaletas manuales	750	1.200	1.500
Carretilla elevadora	1.400	2.200	3.500
Aparatos filoguiados (AGV)	1.500	2.900	3.300

Una vez escogido el medio de transporte, se puede proceder a determinar la disposición y las dimensiones de los pasillos.

3.2.3 Pasillos

El ancho de los pasillos y corredores depende del tipo de uso, la frecuencia del uso y la velocidad permitida de los vehículos que transcurran por él.

Una buena distribución de pasillos se basa en:

- Hacer pasillos rectos: disponer los mínimos ángulos posibles y evitar esquinas ciegas.
- Situar los pasillos para lograr distancias y recorridos mínimos.
- Marcar los límites de los pasillos.

- Conservar los pasillos despejados: no permitir salientes de maquinaria en los pasillos, ni equipos, columnas, extintores de fuego o fuentes para beber.
- Disponer pasillos de doble acceso lateral: los pasillos situados a lo largo de una pared desnuda, o contra la espalda de una zona de almacenaje, sólo ofrecen la mitad de su utilidad potencial.
- Disponer de pasillos principales: usar los pasillos principales para el tráfico de primer orden a través de toda la planta; usar económicamente los subpasillos para la distribución.
- Diseñar las intersecciones a 90º: los pasillos con ángulo distinto del recto causan una enorme pérdida de superficie de suelo.
- Hacer que los pasillos tengan una longitud económica: los pasillos demasiado cortos ocasionan un derroche de espacio; si son demasiado largos, favorecen los retrocesos y movimientos transversales.
- Hacer que los pasillos tengan la anchura apropiada: la anchura de un pasillo depende de su uso (material, personal, aparatos de manipulación y transporte, maquinaria y otros elementos), su frecuencia de utilización, la velocidad de paso permitida o deseada y la ordenación del tráfico (en uno o en los dos sentidos).

En general, se puede usar un pasillo como "columna vertebral" y pasillos transversales (ramales) para acceder a todos los puntos necesarios.

En la tabla 3.3 y en la figura 3.16, se detallan algunas recomendaciones de anchuras mínimas de pasillos para su dimensionado.

Tabla 3.3 Anchura mínima de pasillo en función de su uso

Tipo de pasillo		Anchura mínima	Figura
Pasillos exclusivamente peatonales	Pasillo principal	1,20 m	3.16.a
	Pasillo secundario	1,00 m	
Pasillos exclusivos de vehículos de mercancías y/o cargas	Sentido único	Anchura máxima del vehículo o carga, incrementada en 1,00 m	3.16.b
	Doble sentido	Anchura de los vehículos o carga, incrementada en 1,40 m.	3.16.c
Pasillos mixtos	Vehículo en un solo sentido y peatones en doble sentido	Anchura del vehículo o carga, incrementada en 2,00 m (1,00 m por cada lado).	3.16.d
	Vehículo en un solo sentido y peatones en sentido único	Anchura del vehículo o carga, incrementada en 1,40 m	3.16.e
	Doble sentido de vehículos y peatones	Anchura de los dos vehículos, incrementada en 2,40 m	3.16.f

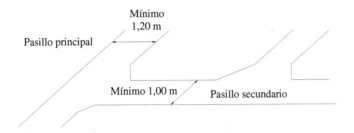

a) Dimensiones mínimas de las vías peatonales

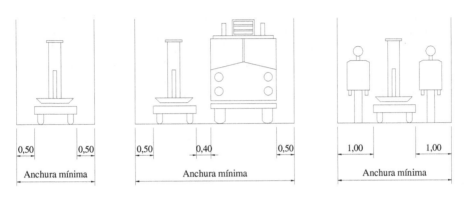

b) Vías exclusivas de vehículos
o cargas en sentido único

c) Vías exclusivas de vehículos
o cargas en doble sentido

d) Vías mixtas de vehículos en sentido
único y peatonales en doble sentido

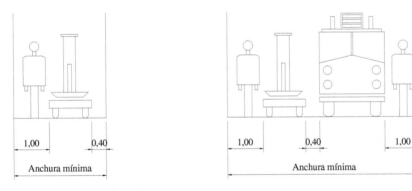

e) Vías mixtas de vehículos y/o cargas
y peatonales en sentido único

f) Vías mixtas de vehículos y/o cargas
y peatones en doble sentido

Fig. 3.16 Dimensiones mínimas de pasillos

3.3 Almacenamiento

El servicio de almacenamiento tiene la finalidad de guardar las herramientas, los materiales, las piezas y los suministros hasta que se necesiten en el proceso de fabricación, de forma adecuada, segura y ordenada, sin que sufran transformación. Los almacenes permiten superar las diferencias de espacio y de tiempo que puedan existir entre productores y clientes.

La función de almacenamiento cumple el fin adicional de facilitar un medio para el recuento de materiales, el control de la cantidad, la calidad y el tipo de la recepción de los materiales comprados, y asegurar que las cantidades requeridas de los mismos se encuentren a mano cuando se necesiten para satisfacer así el nivel deseado de servicio al cliente con los mínimos costes logísticos.

El objetivo primordial de las empresas es la optimización de costes, espacios y recorridos. Para ello, se emplean técnicas derivadas de la ingeniería y de la investigación de operaciones centradas en aspectos esenciales como la distribución de los almacenes, la elección del tipo de estructura de almacenaje adecuada, la gestión eficaz de los recorridos y las manipulaciones dentro del almacén, la optimización del espacio de carga en los diferentes medios de transporte, la creación de rutas de transporte que tiendan a reducir desplazamientos o a maximizar la carga transportada y el diseño de sistemas de gestión y administración ágiles.

Las dimensiones de los almacenes vendrán determinadas por la producción general de la fábrica que marcarán las cantidades de materias primas a almacenar en función de los tiempos de abastecimiento, etc. Será necesario realizar un estudio de gestión de stocks para determinar las cantidades óptimas de producto acabado que deben almacenarse.

La organización y el tipo de trabajo en los almacenes son distintos según el producto a fabricar. Por ello, el procedimiento de almacenaje está siempre en función de la naturaleza del producto, así como de la permanencia del mismo en el almacén. Su correcto diseño es muy importante porque todas las operaciones que se realizan en ellos añaden coste y no valor a los productos.

Los almacenes están equipados con muelles de carga para cargar y descargar camiones. Algunas veces son cargados directamente desde vías de tren, aeropuertos o puertos marítimos. A menudo disponen de grúas y elevadores para la manipulación de mercancías, que son generalmente depositadas en paletas estandarizadas.

Algunos almacenes están completamente automatizados, sin contar apenas con trabajadores en su interior. En estos casos, la manipulación de mercancías se realiza con máquinas de almacenaje, coordinadas por controladores programables y ordenadores con el software apropiado.

Este tipo de almacenes automatizados se emplean para mercancías de temperatura controlada en los cuales la disponibilidad de espacio es menor debido al alto coste que la refrigeración supone para la empresa. También se emplean para aquellas materias o mercancías que, debido a su peligrosidad en el manipulado o, a su alta rotación, rentabilizan el elevado coste que supone la puesta en marcha de este tipo de instalaciones.

La mayor tensión de los flujos entre la oferta y la demanda ha originado un pequeño declive de los almacenes tradicionales, debido a la introducción gradual de programas de producción JIT (*just in time*).

3.3.1 Tipos de almacenes

Los almacenes se pueden clasificar atendiendo a diferentes criterios:

a) Según su estructura física: naves, cercados, patios, silos y depósitos, recipientes de gas, áreas intermedias de una fábrica, cámaras frigoríficas, etc.

b) Según el tipo de material almacenado: polvos y granulados, líquidos, pequeño material, ingeniería (moldes, matrices, recambios, máquinas), etc.

c) Según el flujo de materiales: materias primas, componentes y partes, productos acabados, productos semielaborados, almacén de depósito (productos de gran estacionalidad o alquiler), almacenes de distribución y materiales para ser eliminados o reciclados.

Los almacenes sirven como centro regulador del flujo de mercancías entre la disponibilidad y la necesidad de fabricantes, comerciantes y consumidores.

Según la clase de producto a almacenar, algunos almacenes se pueden situar al aire libre. Cuando los almacenes se encuentran al aire libre, sus medios de transporte pueden ser diferentes de los que se utilizan para los almacenes cerrados.

Tanto para los almacenes al aire libre como para los cerrados, hay que estudiar el proceso de manipulación del material.

El almacenamiento de herramientas difiere del de materiales, pues se instalan siempre dentro de los locales destinados a la fabricación. Éste puede ser centralizado o descentralizado, puede estar combinado con el almacenamiento regular o bien operar en forma completamente independiente.

3.3.2 Funciones básicas del almacenamiento. Distribución

Existen tres funciones básicas del almacenado:

a) Movimiento de materiales
b) Almacenado
c) Recogida de órdenes y transferencia de información

De las funciones del almacenado, se deducen las distintas zonas de las que debe constar el almacén:

a) Zona de recepción y control
b) Zona de almacenaje
c) Zona de preparación
d) Zona de expedición y verificación
e) Muelles y zonas de maniobra
f) Zonas especiales, como áreas frigoríficas, antideflagrantes, etc.
g) Otros (aparcamiento, mantenimiento, paletas vacías, devoluciones, etc.)

La distribución correcta de los almacenes permite encontrar la relación óptima entre el costo del manejo de los materiales y el espacio de almacenamiento.

Son aspectos fundamentales a considerar:

a) La utilización del espacio cúbico. El espacio para almacenar productos se puede aprovechar de forma tridimensional, o sea, en planta y en altura. Desde este punto de vista, es mucho mejor diseñar edificios para almacenes que sean de techo plano (V_1) que edificios con cubiertas a dos aguas (V_2). A igualdad de superficie ($S_1=S_2$), con la primera opción se obtiene más volumen para rellenar almacenando productos.

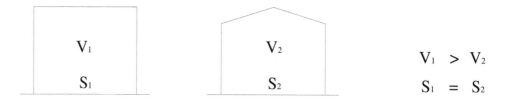

$$V_1 > V_2$$
$$S_1 = S_2$$

Fig. 3.17 Volumen útil en almacenes

b) El hecho de contar con los equipos y métodos de almacenamiento y la protección de los materiales en el momento de distribuir y dimensionar los almacenes.

c) El aprovechamiento de espacios exteriores para almacenar algunos tipos de materiales.

d) El dimensionado del espacio necesario para el movimiento de materiales dependiendo del tipo de mercancía almacenada y las claves de dicho almacenamiento, que estarán en función de los sistemas de expedición y transporte. Por ejemplo, en un almacén de cervezas, normalmente se despachan las cargas por paletas, pero en uno de farmacia, donde se manejan muchos y muy variados artículos de un tamaño medio reducido, la estrategia ha de ser forzosamente distinta y la zona de clasificación, mayor.

La distribución de los almacenes se complica cuando los pedidos engloban un número elevado de productos distintos o cuando se piden pocas unidades del mismo producto, pero muy frecuentemente. En dichos casos, el coste por manejo de materiales que supondría un desplazamiento de ida y vuelta para cada pedido sería excesivamente elevado. Entre las formas de solución de este problema se encuentran la agregación por productos de unidades correspondientes a diversos pedidos, o algo nada fácil: establecer rutas óptimas para cada pedido.

El desarrollo informático ha permitido que, en la actualidad, el problema de la localización de los diversos artículos dentro de un almacén pueda verse considerablemente disminuido. Éstos pueden colocarse de forma dispersa, aprovechando, por ejemplo, cuando sea necesario, el primer espacio disponible y realizando la búsqueda posterior a través del ordenador, que ha almacenado la información correspondiente, e incluso pueden determinar las rutas óptimas de recogida cuando sea necesario.

En la figura 3.18, se muestran dos ejemplos de distribución en planta de un almacén.

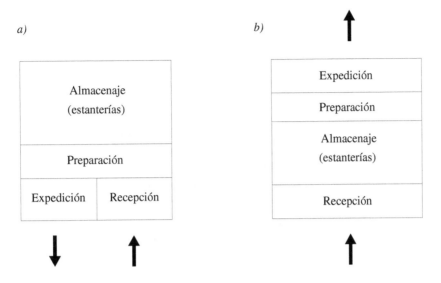

Fig. 3.18 Ejemplos de distribución en planta de un almacén: a) estructura en 'U'; b) estructura lineal

3.3.3 Sistemas de almacenamiento

La forma de almacenamiento depende del tipo de mercancía a almacenar, la rapidez de colocación de las mercancías, la rapidez de maniobra, etc. Los distintos tipos de almacenaje pueden tener por objeto:

a) La colocación rápida de las mercancías apiladas: apilado en bloque con rotación del stock.
b) La rapidez de maniobra: cuarteles de estantes o bandejas, servidos por vagonetas elevadoras, o almacenaje móvil.
c) La facilidad de organización: organización de estantes o bandejas a base de las propias paletas.

En función de la mercancía a almacenar, los tipos de almacenamiento más habituales son:

a) *Almacenamiento en planta.* Es el sistema menos eficiente y consiste en almacenar aleatoriamente artículos en un solo nivel. No sólo no se usa el espacio cúbico, sino que tiende a manejarse en exceso el material para almacenarlo a un lado o detrás de otro y, por tanto, dificulta la localización de los artículos.

b) *Almacenaje en bloque.* En este sistema, las plataformas, los recipientes de carga, los tambores, etc., se apilan en bloques de tres o cinco unidades de altura sin pasillos. También se pueden utilizar armazones apilables.
El espacio cúbico se utiliza muy bien, pero dificulta mucho recoger los artículos del fondo de la pila. Si todos los artículos son idénticos, no constituye un problema, pero la posibilidad de apilamiento puede ser problemática y las cajas de abajo se pueden aplastar, por lo que puede ser conveniente poner una plataforma entre cajas para distribuir la carga.

En la figura 3.19, se puede observar un esquema del almacenaje en bloque.

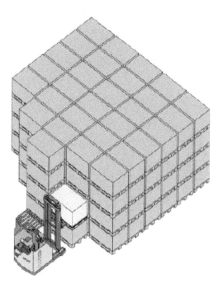

Fig. 3.19 Almacenaje en bloque (sin estantería)

c) *Almacenaje en estanterías estáticas.* Las estanterías estáticas tienen bajo coste y bajo mantenimiento. Son adecuadas en caso de actividad muy escasa. Utilizan el espacio cúbico pero tienden a ocupar mucho espacio en planta, ya que necesitan un pasillo por cada dos filas de almacenamiento y los artículos ocupan un pequeño porcentaje del espacio cúbico del estante.

Existen distintos tipos de estanterías según el acceso y profundidad de almacenaje; a continuación se comentan las características de algunos de ellos.

Las estanterías de una sola profundidad ofrecen mejor acceso pero mayor coste, debido al aumento en el espacio de pasillos.

Las estanterías de doble o triple profundidad reducen el espacio de pasillo, pero se necesitan montacargas de horquilla extensibles para sacar el artículo situado en el fondo y el acceso es peor.

La estantería con acceso en un solo sentido para el montacargas tiene pasillos estrechos y el acceso a los artículos es por un solo lado; por tanto, es un sistema de almacenamiento de últimas entradas, primeras salidas.

La estantería con acceso en ambos sentidos para el montacargas es similar a la que tiene acceso en un solo sentido, pero el carril está abierto por ambos extremos.

Mientras que la configuración de la estantería determina el número de pasillos necesarios, el tipo de montacargas determina el ancho del pasillo y la altura de las pilas.

En la figura 3.20, se pueden observar varios esquemas de tipos de estanterías.

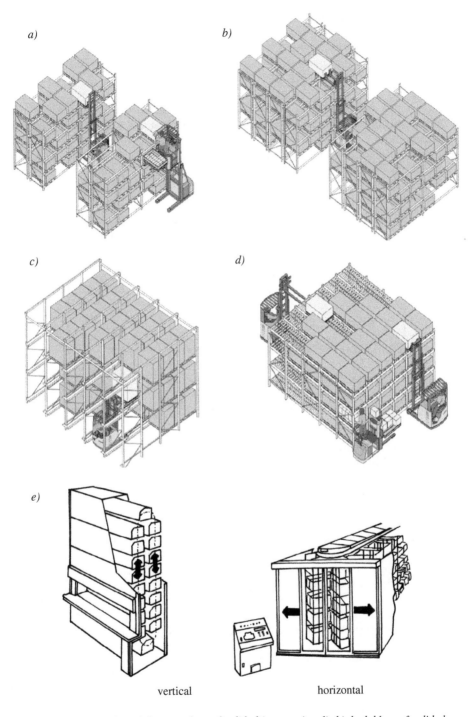

vertical   horizontal

Fig. 3.20 Estanterías: a) de una sola profundidad (convencional); b) de doble profundidad;
c) compacta (drive in); d) dinámica; e) carruseles

3.3.4 Altura del almacenamiento

La forma más económica de aprovechar el volumen de unas instalaciones es almacenando en altura. Esto tiene una influencia fundamental sobre el sistema de movimiento y manipulación de las mercancías que no siempre lo hace aconsejable. Hay que considerar:

a) El tipo de carga unificada que se movilice, así como las características de la propia mercancía: fragilidad, durabilidad, necesidad de ser reagrupada con otros productos después de la clasificación, etc.

b) La rapidez de descarga y el tiempo de permanencia de las mercancías en el almacén.

Tabla 3.4 Altura de almacenaje para los distintos tipos de almacenaje

Tipo de almacenaje	Altura libre mínima (m)
Mercancías apiladas. Instalación de mínimo coste. Adecuado para el servicio de industrias ligeras	5,00-5,50
Necesario para el apilado con bandejas	7,50
Cuando se emplean normalmente torretas	12,00
Almacenes totalmente automatizados y controlados mediante ordenadores	15,00

3.3.5 Relación entre la técnica de almacenaje, el sistema de manipulación de las mercancías y la altura del edificio

El sistema mecánico de movimiento y manipulación de las mercancías tiene una clara influencia en la distribución de un almacén.

Si existe una limitación de superficie para el almacenaje, la solución más económica pasa inevitablemente por la automatización. Estas instalaciones alcanzan hasta 30 m de altura y en ellas los entramados de los propios estantes y bandejas forman parte de la estructura general del edificio. Las mercancías son transportadas y almacenadas mediante vagonetas elevadoras.

En los almacenes de mayor envergadura en los que esté justificada una automatización total, los elementos de depósito no superan los 12 m de altura y su única conexión estructural con el edificio consiste en que sus elementos verticales están atornillados al suelo para asegurar la estabilidad de los bloques. Los pasillos entre éstos han de ser siempre algo mayores que la paleta más grande almacenada. Los elementos de manipulación que se utilizan en este tipo de distribución de almacén son vehículos de transporte y elevación, basados en las carretillas elevadoras de horquilla, de circulación libre (sin raíles).

Cuando no está justificado el aumento del coste que supone la distribución de los elementos de depósito a mucha altura y los elementos de manipulación subsiguientes, se emplean normalmente carretillas elevadoras y plataformas. Estas últimas son adecuadas para el transporte de paletas de pesos comprendidos entre 1 y 1,5T sobre suelos horizontales. Pueden elevar la carga hasta 7 m de altura y operar en pasillos de un ancho mínimo de 2,5 m. Una carretilla elevadora puede manipular cargas más pesadas, pero requiere pasillos de 3,2 a 4 m de anchura mínima. Cuanto mayor sea la capacidad de los vehículos elevadores, más anchos han de ser los pasillos.

Los elementos móviles de almacenaje son apropiados para almacenar mercancías en espacios preexistentes o cuando la superficie disponible en planta es limitada y el período de depósito de las mercancías relativamente corto. Su montaje es costoso y hay que contar además con una solera que sea capaz de resistir el doble de la carga uniforme normal.

3.4 Embarque y recepción de materiales

Todos los materiales y suministros necesarios en el proceso productivo provienen del área de recepción; todos los productos acabados salen por el área de embarque. Por tanto, es importante que las instalaciones de recepción y embarque sean adecuadas para no obstruir así la producción.

El muelle de carga constituye el enlace entre los sistemas de almacenamiento y distribución de mercancías. En él se combinan las operaciones de entrada y salida de las mismas, por lo cual la superficie ha de tener la amplitud suficiente y ser apta para la comprobación de las mercancías entrantes, la retirada de los soportes y carcasas vacías de las cargas unificadas y la acumulación de las mercancías salientes.

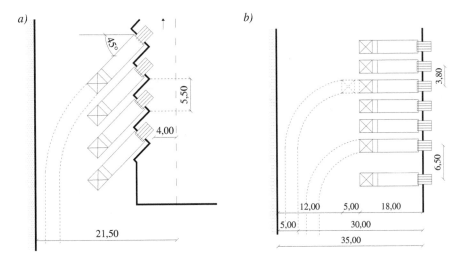

Fig. 3.21 Dimensiones de los accesos a los muelles de carga para camiones de 18 m: a) en paralelo; b) dentado

Debe considerarse cuál es la mejor opción: si crear dos áreas destinadas a propósitos distintos (una para embarque y otra para recepción) o bien una para propósitos generales. El número de muelles necesarios viene determinado por la cantidad de carga (mercancías) diaria que conlleva la actividad. Además, se deberá considerar la relación del muelle con las instalaciones de transporte interno.

En la tabla 3.5, se observan las dimensiones recomendables de los muelles de carga y descarga de vehículos en función del número de vehículos en carga/descarga simultánea.

Tabla 3.5 Anchura de los muelles de carga y descarga de vehículos

N.º vehículos en carga/descarga simultánea	Ancho recomendable (m)	Ancho mínimo (m)
1	11,00	10,00
2	18,00	16,00
3	24,00	22,00
Más de 3	Añadir 6,50 m por vehículo	Añadir 6,00 m por vehículo

Además, es importante tener en cuenta las dimensiones de los vehículos, tanto en longitud como en altura, para prever la urbanización de los espacios exteriores.

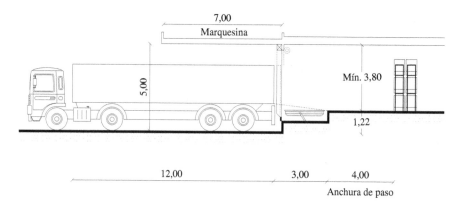

Fig. 3.22 Sección longitudinal de un muelle de carga con plataformas elevables

4 Servicios para el personal

4.1 Introducción

Los servicios para el personal forman parte de los servicios auxiliares de la producción, pues no están estrechamente vinculados al proceso industrial pero son necesarios para llevarlo a cabo.

Las necesidades del trabajador como individuo son un factor destacado en la distribución en planta de una nave industrial. La colocación de los servicios para el personal con respecto a las zonas de trabajo afecta a los requerimientos del tiempo individual del trabajador; las distancias de la zona de trabajo al reloj de control, a los servicios de higiene, a los servicios médicos y al comedor han de ser razonablemente cortas.

El factor más importante para la determinación de la disposición general de los servicios para el personal ha de ser el estudio de la serie de movimientos del trabajador antes de iniciar su trabajo y al dejarlo. Instalando un gran número de estos servicios, de manera que estén a poca distancia del personal, se obtendrán beneficios a largo plazo por la reducción de los tiempos perdidos.

Dentro de los servicios para el personal, se incluyen, entre otros:

- comedores,
- servicios de higiene,
- servicios médicos,
- servicios recreativos,
- servicios culturales,
- servicios sociales y
- aparcamientos.

4.2 Comedores

Los comedores son indispensables en industrias donde el personal no puede desplazarse al exterior para comer. En torno a los comedores, se agrupan las salas auxiliares, la cocina, los aseos y los cuartos de instalaciones.

En la figura 4.1, se observa la relación entre estas salas auxiliares.

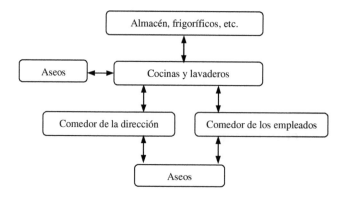

Fig. 4.1 Organigrama de comedores

Con relación al sistema de preparación de las comidas, existen varias posibilidades:

a) Cocina completa. En este caso, el comedor es de tipo restaurante y es necesario instalar una cocina para servir una cantidad determinada de platos por turno. Su implantación e instalación es, en general, bastante completa. En este caso, se necesita un almacén – normalmente frigorífico- para guardar los alimentos perecederos.

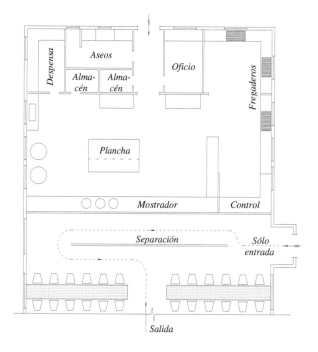

Fig. 4.2 Planta tipo de comedor con servicio completo de comidas

b) Calientaplatos. La empresa ofrece un local donde los empleados pueden comer, pero tienen que traerse la comida.

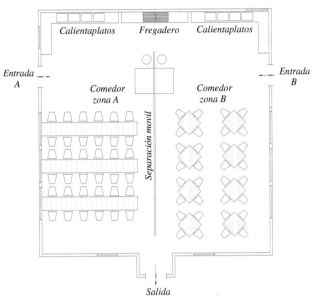

Fig. 4.3 Planta tipo de comedor con servicio de calientaplatos

c) *Catering.* La empresa contrata un *catering*, de modo que no es necesaria toda la instalación ni el espacio para cocina dentro de la empresa.

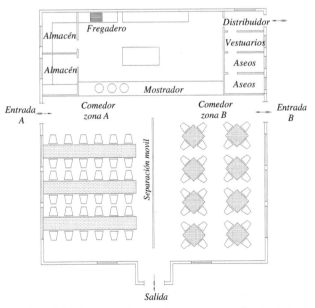

Fig. 4.4 Planta tipo de comedor con servicio de catering

Las necesidades de espacio de la zona de comedor y la distribución de las mesas son las mismas en los tres sistemas de comedores. En las figuras 4.5, 4.6 y 4.7, se muestran las distintas posibilidades en cuanto a la colocación de las mesas y la relación de superficies para cada caso.

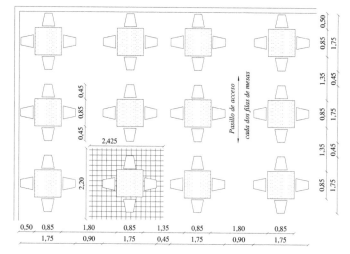

Superficie por mesa, con los pasillos correspondientes: $(2,20\cdot2,42)=5,34$ m^2

Superficie por comensal: 1,34 m^2

Fig.4.5 Disposición de las mesas en paralelo

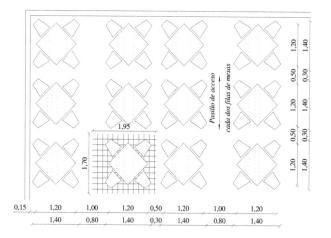

Superficie por mesa, con los pasillos correspondientes: $(1,70\cdot1,95)=3,31$ m^2

Superficie por comensal: 0,83 m^2

Fig. 4.6 Disposición de las mesas en diagonal

En la disposición de las mesas en paralelo, la superficie por mesa es mayor que en la disposición en diagonal. En función del espacio disponible para la zona de comedor, se puede optar por una disposición u otra.

También se puede optar por utilizar mesas redondas y, de esta manera, necesitar menos espacio para ubicar la misma cantidad de personas.

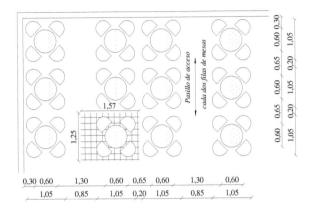

Mesas de D=85 cm

Superficie por mesa, con los pasillos correspondientes: (1,50·1,82)=2,74 m²
Superficie por comensal: 0,68 m²

Mesas de D=60 cm

Superficie por mesa, con los pasillos correspondientes: (1,25·1,57)=1,96 m²
Superficie por comensal: 0,50 m²

Fig. 4.7 Colocación de mesas redondas

Aparte del sistema de preparación de las comidas, es también importante el sistema de servicio. Este puede ser con camareros o de autoservicio. lo que da lugar a implantaciones diferentes. La tendencia actual de los comedores de las industrias es que haya un sistema de autoservicio para eliminar el personal auxiliar.

4.3 Servicios de higiene

Dentro de los servicios de higiene se incluyen vestuarios y aseos (lavabos, WC, urinarios, etc.).

Para determinar la cantidad y disposición de los servicios de higiene, es necesario estudiar los movimientos de los trabajadores y del personal de la industria, y tener en cuenta lo que dispone la normativa laboral, en la que se establecen las disposiciones mínimas de seguridad y salud en los puestos de trabajo.

Según esta normativa, suelen ser necesarios vestuarios cuando los trabajadores deban llevar ropa especial que sólo se utilicen para la actividad del trabajo.

Los vestuarios son cuartos que sirven para cambiarse y guardar la ropa de calle y de trabajo de los empleados. Por tanto, han de estar situados entre la entrada de personal y los puestos de trabajo, y ser accesibles a través de recorridos cortos.

En las industrias en las que trabajan hombres y mujeres, los vestuarios han de estar separados. En ellos se debe disponer de una zona con taquillas y armarios individuales con llave y una zona de aseos con lavabos, duchas y retretes.

En la tabla 4.1, se describen los espacios necesarios estándar para los distintos aparatos sanitarios: lavamanos, duchas, inodoros, urinarios, etc.

Tabla 4.1 Espacio necesario para los aparatos sanitarios

Aparato	Anchura (cm)	Altura (cm)
Lavamanos individual	> 60	> 55
Lavamanos doble	> 120	> 55
Ducha	> 80	> 80
Inodoro con tanque bajo	40	75
Inodoro con tanque alto o fluxor	40	60
Urinario	40	40

Las dimensiones de los vestuarios, las duchas y el aseo, así como las respectivas dotaciones de asientos, armarios o taquillas, colgadores, lavabos, duchas e inodoros, han de permitir utilizar estos equipos e instalaciones sin dificultades o molestias, teniendo en cuenta, en cada caso, el número de trabajadores que vayan a utilizarlos simultáneamente.

En la tabla y las figuras siguientes se definen las superficies necesarias para los vestuarios y para las duchas, en función del número de trabajadores y las dimensiones y posibles distribuciones, tanto de la zona de vestuarios como de las duchas.

Tabla 4.2 Superficies para vestuarios y duchas en función del número de trabajadores

	m^2 / trabajador
Superficie para cambiarse de ropa, incluyendo espacio de taquilla y parte de lavabos	0,50 – 0,60
Superficie para duchas colectivas	0,50 – 0,55

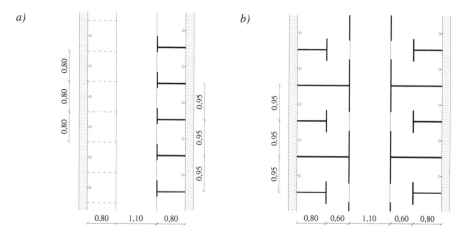

Fig. 4.8 Dimensiones necesarias para la hilera de duchas: a) abierta y con protección contra las salpicaduras; b) con protección visual

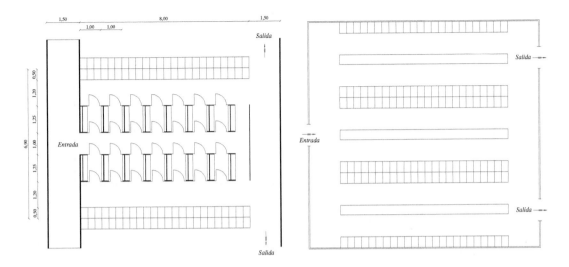

Fig. 4.9 Ejemplos de posible distribución de los vestuarios

Según la normativa laboral, los vestuarios han de disponer de un armario ropero por trabajador, y de un armario doble por trabajador en las industrias consideradas sucias, para permitir la separación entre la ropa de calle y la de trabajo.

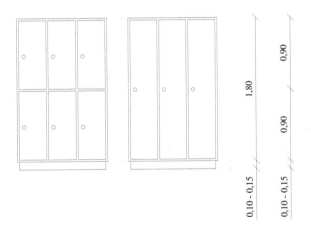

Fig. 4.10 Dimensiones de los armarios doble y simple

La normativa laboral vigente también define la cantidad de lavabos, duchas y WC en función del número de trabajadores de la industria, del tamaño o las características de la misma, etc. En la tabla 4.3, y a modo de ejemplo, puede observarse el número de aparatos necesarios en función del número de trabajadores.

Tabla 4.3 Ejemplo del número de aparatos sanitarios en función del número de trabajadores (según el Real Decreto 486/1997)

N.º de trabajadores	N.º de aparatos
10 trabajadores o fracción trabajando simultáneamente	1 lavabo
10 trabajadores o fracción trabajando simultáneamente	1 ducha
25 hombres o fracción trabajando simultáneamente	1 WC
15 mujeres o fracción trabajando simultáneamente	1 WC

En algunos casos, se diseñan complejos industriales sin conocer el número de personas que estarán en plantilla. Ello dificulta la elección de la cantidad de WC a implantar. A continuación, se adjunta una tabla con el número orientativo de inodoros aconsejables a situar en función de los metros cuadrados de nave industrial (sin considerar la zona destinada a almacenes).

Tabla 4.4 Número de aparatos sanitarios en función de la superficie construida

Superficie	N.º de aparatos
$< 250 \ m^2$	2 WC
$251 - 400 \ m^2$	3 WC
$401 - 550 \ m^2$	4 WC
$551 - 750 \ m^2$	5 WC
$751 - 1.000 \ m^2$	6 WC
$1.001 - 1.300 \ m^2$	7 WC
$> 1.300 \ m^2$	1 WC más por cada 300 m^2 o fracción en exceso

Evidentemente, a partir de los datos anteriores se puede hacer una estimación de la cantidad de elementos a disponer en los aseos, pero es muy importante considerar la proximidad de estos aseos a los lugares de trabajo. Muchas veces es necesario disponer de dos o tres grupos de aseos descentralizados a lo largo de toda la industria que no un solo aseo con la misma cantidad de lavabos y WC centralizado con el objetivo de reducir los recorridos de los trabajadores y evitar tiempos muertos en la fabricación.

En cuanto a las dimensiones de los aseos, dependerán de la distribución que se adopte teniendo en cuenta que siempre que sea posible el sentido de abertura de las puertas de los aseos ha de ser hacia dentro para aumentar así el espacio libre para circulación (Figs. 4.11, 4.12 y 4.13).

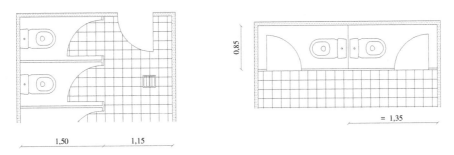

Fig. 4.11 Dimensiones necesarias para inodoros con puerta de abertura hacia dentro

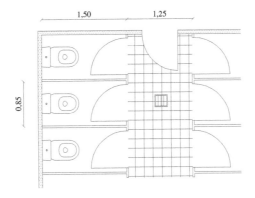

Fig. 4.12 Dimensiones necesarias para inodoros enfrentados con puertas de abertura hacia dentro

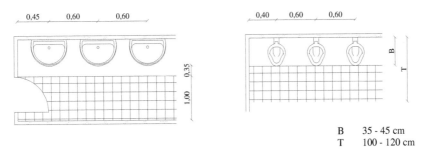

| B | 35 - 45 cm |
| T | 100 - 120 cm |

Fig. 4.13 Dimensiones necesarias para lavamanos y urinarios

Si en las dependencias sólo existe un aseo, éste ha de ser accesible para todos los posibles usuarios. Si existen varios aseos, al menos uno ha de ser utilizable por personas con discapacidad.

La normativa de accesibilidad a los edificios define las características que han de cumplir los servicios higiénicos adaptados. Como ejemplo, según el capítulo 3 del Decreto 135/1995, de 24 de marzo, de aprobación del Código de accesibilidad, que trata de las disposiciones sobre barreras arquitectónicas en la edificación, las dimensiones interiores del aseo han de permitir la inscripción de un círculo de 1,50 m de diámetro libre de obstáculos y fuera de la confluencia del barrido de la puerta. Según esta normativa, la puerta de acceso a los servicios higiénicos ha de tener una anchura libre de paso suficiente para permitir el acceso a personas usuarias de sillas de ruedas (80 cm) y ésta debe abrir hacia fuera. Se debe disponer de un espacio de aproximación lateral al WC y la ducha y el frontal al lavamanos de 80 cm, como mínimo, y se ha de disponer de una barra de soporte en el WC de 70 cm de altura.

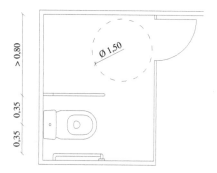

Fig. 4.14 Dimensiones de un aseo adaptado

Una vez definidas las dimensiones de todos los elementos que forman parte de los servicios higiénicos, su posible disposición y necesidades en función del número de trabajadores o de la superficie de la industria, se muestra un ejemplo de distribución de aseos para una empresa mediana de 80 empleados, 40 mujeres y 40 hombres:

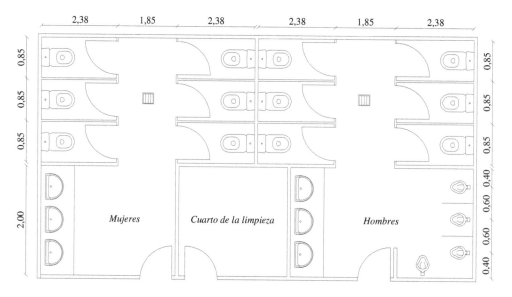

Fig. 4.15 Ejemplo de distribución de aseos para empresas

4.4 Servicios médicos

Dentro de los servicios médicos, se incluyen las salas de curas de accidentes laborales y las salas de visitas de medicina preventiva.

Para determinar la necesidad y características de los servicios médicos a introducir en un edificio industrial, es necesario analizar el número de trabajadores de la industria y tener en cuenta lo que dispone la normativa laboral, que establece las disposiciones mínimas de seguridad y salud en los puestos de trabajo.

Según la normativa laboral, normalmente todo lugar de trabajo ha de disponer, como mínimo, de un botiquín portátil que contenga desinfectantes y antisépticos autorizados, gasas estériles, algodón hidrófilo, vendas, esparadrapo, apósitos adhesivos, tijeras, pinzas y guantes desechables. En general, los centros de trabajo de más de 50 trabajadores han de disponer de un local destinado a primeros auxilios y otras posibles atenciones sanitarias. También han de disponer del mismo los centros de trabajo de más de 25 trabajadores para los que así lo determine la autoridad laboral, teniendo en cuenta la peligrosidad de la actividad desarrollada y las posibles dificultades de acceso al centro de asistencia médica más próximo.

Para aquellas industrias que deban disponer de un local destinado a los primeros auxilios y o atención sanitaria, estos espacios suelen disponer de un vestíbulo o sala de espera de donde se pasa a la consulta del médico, directamente comunicada con la zona donde estén situados los aparatos de medicina general. Es aconsejable que el local de primeros auxilios tenga fácil acceso desde el exterior, para el caso eventual de evacuación urgente mediante ambulancia.

4.5 Servicios culturales

Dentro de los servicios culturales, se encuentran las zonas de aprendizaje o formación, que han de situarse cercanas a la zona de oficinas. Además, estas zonas pueden disponer de una biblioteca de tipo completamente cultural para uso de los trabajadores.

La figura 4.16 muestra una posible distribución de una sala de formación dotada con ordenadores.

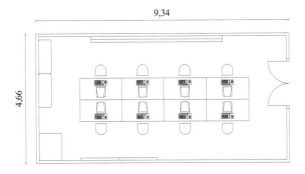

Fig. 4.16 Sala de formación para el personal. Dotación superficial por trabajador, 5 m^2

4.6 Aparcamientos

Los aparcamientos son completamente necesarios y se deben prever bien, en un edificio especial o la intemperie. El aparcamiento la intemperie siempre resulta más económico que un parking cubierto, pero escoger una opción u otra depende de la política de la empresa y del espacio disponible en el lugar de implantación de la industria.

Es aconsejable separar el aparcamiento de los trabajadores y el de las visitas. No es conveniente que cuando venga una visita importante no encuentre lugar para aparcar porque todos están ocupados por los trabajadores de la planta.

Las plazas de aparcamiento suelen delimitarse por franjas de 12-20 cm de anchura, pintadas de color blanco o amarillo. Como delimitación, también se pueden utilizar bordillos laterales de 50-60 cm de longitud, 20 cm de anchura y 10 cm de altura. En las plazas enfrentadas, deben colocarse topes de delimitación de 10 cm de altura, aproximadamente. En las figuras 4.17 y 4.18, se ilustran algunas alternativas para la disposición de las plazas de aparcamiento.

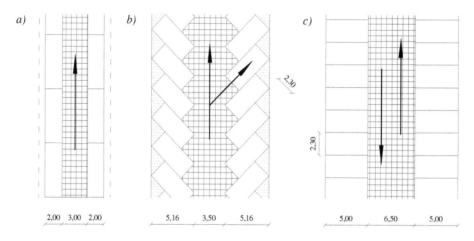

Fig. 4.17 Aparcamiento: a) en paralelo; b) a 45°; c) a 90°

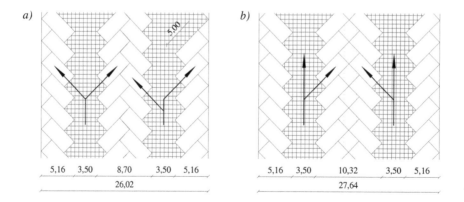

Fig. 4.18 Aparcamiento a 45°: a) circulación en un único sentido; b) con espacio para ajardinamiento

La tabla siguiente permite comparar los distintos grados de aprovechamiento del espacio de las diferentes alternativas de aparcamiento comentadas anteriormente.

Tabla 4.5 Dimensiones de los aparcamientos

Disposición de las plazas	Superficie necesaria por plaza (m²)	Número de plazas por cada 100 m²	Número de plazas por cada 100 ml
0° en paralelo. Es difícil entrar y salir. Apropiada para calles estrechas	22,50	4,40	17,00
45° en diagonal. Es fácil entrar y salir. Aprovechamiento relativamente bueno de la superficie. Disposición más usual.	20,30	4,90	31,00
90° en perpendicular (anchura de las plazas de 2,3 m). Las plazas ocupan menos superficie. Apropiada para instalaciones compactas; utilizada con mucha frecuencia.	19,00	5,30	44,00

La normativa de accesibilidad en los edificios define también las características de los aparcamientos adaptados. Por ejemplo, el Capítulo 3 del Decreto 135/1995, de 24 de marzo, de aprobación del Código de accesibilidad, que establece las disposiciones sobre barreras arquitectónicas en la edificación, determina que los aparcamientos adaptados deben tener unas dimensiones mínimas de 2,00 m x 4,50 m en hilera y 3,30 m x 4,50 m en batería. Deben tener un espacio de aproximación que pueda ser compartido, en el que se pueda inscribir un círculo de 1,50 m de diámetro. Además, el espacio de aproximación ha de estar comunicado con itinerarios de uso comunitario adaptado, y el aparcamiento ha de estar señalizado con el símbolo de accesibilidad en el suelo y una señal vertical.

La figura 4.19 muestra el ejemplo de las dimensiones de un aparcamiento adaptado en batería y del espacio de aproximación compartido.

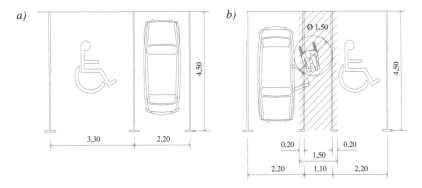

Fig. 4.19 Aparcamiento adaptado en batería: a) dimensiones; b) espacio de aproximación compartido

Muchas veces, es necesario prever la creación de aparcamientos para camiones dentro de los límites de la parcela. Las medidas básicas de espacio y superficie que necesitan los camiones (tabla 4.6) resultan de las dimensiones que el vehículo ocupa al pasar por un tramo recto, una curva y al aparcar y desaparcar. Sobre todo debe tenerse en cuenta la línea que describen las ruedas interiores traseras del vehículo al trazar la curva.

En las figuras siguientes, se muestran las dimensiones de los aparcamientos para camiones en función de su disposición.

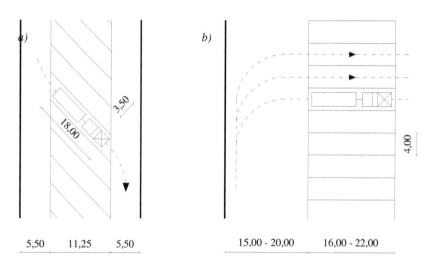

Fig. 4.20 Aparcamiento para camiones: a) a 45° para camiones articulados;
b) a 90° para camiones con remolque

Tabla 4.6 Dimensiones para la entrada y salida de camiones (Fig. 4.21)

Dimensiones		
Longitud del camión a	Anchura de la plaza b	Anchura libre c
Camión de 22 t y 10 m	3,00 3,65 4,25	14,00 13,10 11,90
Camión de 12 m	3,00 3,65 4,25	14,65 13,50 12,80
Cabina a tracción con remolque de 15 m	3,00 3,65 4,25	17,35 15,00 14,65

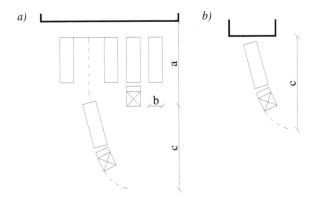

Fig. 4.21 Aparcamiento para camiones: a) en batería; b) de un solo camión

En pasos estrechos, el camión necesita un espacio mínimo de 3,5 m de ancho. La superficie necesaria en los chaflanes es la que se muestra en la figura siguiente:

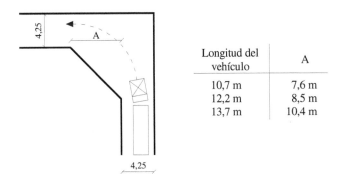

Longitud del vehículo	A
10,7 m	7,6 m
12,2 m	8,5 m
13,7 m	10,4 m

Fig. 4.22 Superficie necesaria en los chaflanes

4.7 Servicios recreativos

Dentro de los servicios recreativos se incluyen:

a) Sala de reunión y descanso. Estas salas están destinadas a reuniones de los trabajadores y no tienen nada que ver con las salas de reuniones que se puedan disponer en las oficinas.

b) Bar. Es muy importante disponer de un bar siempre que no haya ninguno cerca. Es un punto de encuentro entre trabajadores de distintas zonas de la industria, aparte de que los precios suelen ser más económicos.

c) Zona deportiva. Es un servicio que se ofrece en caso de que los operarios dispongan de tiempo libre en su jornada laboral. Es muy adecuado para disipar tensiones del trabajo pero sólo son posibles en las fábricas grandes debido a la gran necesidad de espacio.

d) Guarderías. Es un servicio que se utiliza cada vez más frecuentemente en la sociedad actual, debido a que los dos cónyuges trabajan y tienen problemas para vigilar a sus hijos. Esta zona debe estar completamente separada del edificio general y provista de servicios de cocina, servicios médicos, aseos, etc.

Los servicios recreativos dependen de la política de la empresa, aunque siempre es preferible que los trabajadores se sientan a gusto en la empresa donde estén.

5 Servicios administrativos

5.1 Introducción

En todos los tipos de industrias son necesarios servicios administrativos de alguna clase, y por tanto, sus necesidades en cuanto a espacio deben preverse antes de definir la distribución en planta.

Se entiende como servicios administrativos aquellas dependencias donde se realizan trabajos administrativos de contabilidad, ventas, dirección, realización de proyectos, etc.

El puesto de trabajo es, desde el punto de vista del usuario, un lugar de interacción social cuyo significado es cada vez más importante. Una carga psíquica y física más elevada significa una mayor atención para el entorno laboral (superficie suficiente, decisiones personales en cuanto a la distribución del mobiliario, ventilación, iluminación, protección suficiente frente a las perturbaciones). Los contactos laborales son importantes, así como las instalaciones utilizadas colectivamente; por tanto, es necesaria una zona mixta de despachos individuales y despachos de grupo.

5.2 Diseño y distribución

Cuando se diseña una zona de servicios administrativos, ha de estudiarse el proceso de trabajo a seguir, teniendo en cuenta la estructura de organización de la empresa. Debe tenerse también en consideración la forma o el estilo de dirigir, ya que con frecuencia tendrán un reflejo físico en su implantación o *layout*. También se debe estudiar si la estrategia de la empresa y, por consiguiente, su estructura de organización serán permanentes o temporales; en este último caso, la zona de servicios administrativos y su *layout* deberán diseñarse bajo criterios flexibles, de forma que permitan realizar con facilidad los cambios correspondientes a otras estructuras de organización.

La zona de servicios administrativos difiere de la zona de producción en tres puntos como mínimo, el producto, el ambiente físico y el ambiente social.

En la zona de servicios administrativos, se produce información (trabajo en papel, archivos electrónicos y comunicación oral).

El criterio para la distribución de la zona de servicios administrativos se basa en la minimización del coste de comunicación y la maximización de la productividad de los trabajadores.

Algunos criterios recomendables son:

a) *Adecuación.* Efectividad operacional. Se deben analizar las situaciones de espacio, modelos de trabajo y tráfico, colocación del equipo necesario y necesidades energéticas.

b) *Flexibilidad.* Posibilidad de cambio eficiente y crecimiento. El grado de flexibilidad debe ser suficiente para preparar a los trabajadores ante un posible cambio en su espacio de trabajo.

c) *Habitabilidad.* Características e instalaciones para permitir la eficiencia, como por ejemplo: iluminación, condiciones acústicas, condiciones climáticas, decoración, etc.

Para conseguir una buena adecuación, flexibilidad y habitabilidad en los servicios administrativos, se deben seguir una serie de pautas:

− Considerar cualquier necesidad relativa a instalaciones (tomas de corriente, teléfono, etc.).
− Colocar los departamentos que estén relacionados unos cerca de otros.
− El tipo de trabajo a realizar debe ser la base para la distribución de los distintos departamentos dentro de los servicios administrativos.
− El trabajador no debe desplazarse para realizar su trabajo o buscar información.
− Unos servicios administrativos de apariencia ordenada y atractiva inducen respeto en los visitantes y contribuyen a la eficiencia de los empleados.
− Realizar oficinas privadas sólo para aquellos trabajos que precisen confidencialidad y/o gran concentración.
− En la realización de oficinas privadas, conviene colocar cristal transparente o traslúcido en la parte superior del tabique de separación para aprovechar la luz natural y dar sensación de amplitud.
− Son preferibles los espacios generales porque son más eficientes. La comunicación es más directa, la supervisión y el control son más fáciles, y es posible una mejor.

En la figura siguiente, se observa un ejemplo de la distribución de los servicios administrativos con espacios comunes y espacios individuales.

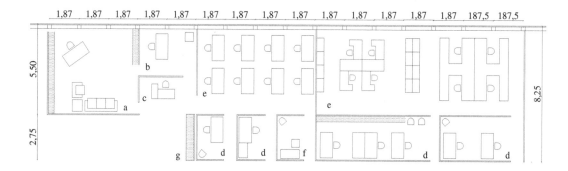

Fig. 5.1 Ejemplo de distribución de servicios administrativos; diferentes espacios: a) jefe, pequeña sala de reuniones o entrevistas; b) adjunto o director de sección; c) secretaria, recepcionista; d) especialista (con vistas al exterior); e) salas de trabajo (grupos de trabajo)

5.3 Situación

La zona administrativa puede disponerse en el mismo edificio que las zonas destinadas a la producción o en un edificio independiente. La decisión depende de la eficacia relacionada con la velocidad que se precise en la transmisión de la información.

Siempre que sea necesario que las funciones administrativas se lleven a cabo en la zona de producción, o cerca de ella, es bueno que al menos pueda montarse una cabina o zona acristalada para reducir el ruido, las interrupciones y otras causas de distracción en la zona de producción.

La situación ideal de los servicios administrativos es el centro de gravedad de la producción para minimizar los tiempos en los recorridos de la información, aunque puede ser una excepción si se utiliza información informatizada o a través de líneas telefónicas.

También es importante situar la zona administrativa cerca del acceso y la zona de aparcamiento pero, al mismo tiempo, su distribución debe ser versátil. Para conseguirlo, es necesario:

a) Conocer el organigrama de la empresa en el que se define su estructura organizativa para saber cuántos departamentos existen y cuáles son sus necesidades de despachos.

b) Utilizar paredes desmontables para posibles modificaciones en la distribución para desarrollar un diseño lo más versátil posible.

c) Diseñar una estructura con sobrecarga máxima. El hecho que la distribución de los servicios administrativos sea no estática en el tiempo puede ocasionar problemas de tipo estructural. Por ejemplo, si en la disposición inicial se ha previsto una estructura para una zona de archivo con una sobrecarga de 1.000 kg/m^2 y posteriormente, con el tiempo, la ubicación de este archivo se ve modificada, es muy probable que se causen problemas estructurales debido a que su nueva ubicación no se calculó para soportar ese peso.

d) Diseñar instalaciones bajo múltiples condiciones para posibles modificaciones. Por ello, es bueno diseñar instalaciones que se puedan modificar con facilidad, por ejemplo que las canalizaciones circulen por el falso techo, por un suelo flotante o bien mediante un conducto visto, etc.

e) Prever posibles ampliaciones. Esta previsión se puede realizar dejando libre un espacio anexo a los servicios administrativos iniciales o también calculando una estructura capaz de soportar otra planta encima de la actual.

f) Tener en cuenta las condiciones socio-psicológicas y de confort que deben ser adecuadas para el trabajo que se desarrolle. Así pues, hay que controlar, por ejemplo, la iluminación (evitar deslumbramientos, aprovechar luz natural, etc.), la ventilación (renovaciones por hora y velocidad de entrada y salida), etc.

5.4 Dimensiones

Para determinar las dimensiones de los servicios administrativos, es necesario estudiar los movimientos de los trabajadores y del personal de servicios administrativos y tener en cuenta lo que la normativa laboral dispone, pues en ella se establecen las disposiciones mínimas de seguridad y salud en los puestos de trabajo.

Según la normativa laboral, las dimensiones de los locales de trabajo han de permitir que los trabajadores realicen su trabajo sin riesgos para su seguridad y salud, y en unas condiciones ergonómicas aceptables.

Por ejemplo, según el Real Decreto 486/1997, las dimensiones mínimas de los puestos de trabajo son:

- 3,00 m de altura desde el piso hasta el techo. No obstante, en locales comerciales, de servicios, servicios administrativos y despachos, la altura puede reducirse a 2,50 m.
- 2,00 m^2 de superficie libre por trabajador.
- 10,00 m^3, no ocupados, por trabajador.
- La separación entre los elementos materiales existentes en el puesto de trabajo ha de ser suficiente para que los trabajadores puedan ejecutar su labor en condiciones de seguridad, salud y bienestar. Cuando, por razones inherentes al puesto de trabajo, el espacio libre disponible no permita que el trabajador tenga la libertad de movimientos necesaria para desarrollar su actividad, deberá disponer de espacio adicional suficiente en las proximidades del puesto de trabajo.

Los grupos de trabajo se organizan en función de la dinámica propia de éste y de las interacciones que induce. Hay que establecer una cuidadosa distinción entre: la circulación primaria, que es la que normalmente enlaza entre sí los puntos de acceso y salida y los grupos de trabajo principales (vías de anchura no inferior a 2,00 m, que aumenta en función del volumen de tránsito); la circulación secundaria, que conecta los grupos de trabajo no adyacentes a las rutas principales con las mismas (vías de ancho superior a 1,50 m), y la circulación terciaria, que es la que se desarrolla dentro de los propios grupos de trabajo (anchura superior a 0,75 m). De este modo, el territorio de cada grupo quedará bien definido y no se producirán interferencias entre las circulaciones respectivas.

Para la disposición del mobiliario, en general, ninguna persona debe estar directamente enfrentada a otra, ni a las vías de circulación, ni a muebles de almacén, archivo o depósitos. Cada persona ha de poder ver a cualquier otra que se le aproxime; los centros de trabajo que tengan contacto directo con personas importantes ajenas a los servicios administrativos han de situarse próximas a las vías primarias o secundarias.

Las conexiones típicas entre los puestos de trabajo son zigzag, espina, rehilete y cara a cara/espalda a espalda; y se muestran en la figura 5.2.

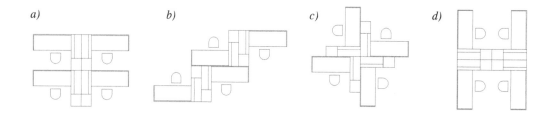

Fig. 5.2 Enlaces típicos entre estaciones de trabajo: a) espina; b) zigzag;
c) rehilete; d) espalda a espalda

En la figura 5.3 se muestran diferentes posibilidades de amueblar las zonas de servicios administrativos empleando mesas DIN 0,78 x 1,56 m.

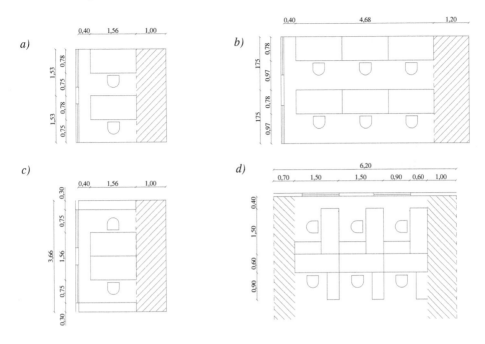

Fig. 5.3 Posibilidades de amueblar y espacios mínimos necesarios; superficie necesaria por trabajador (incluyendo pasillos): a) 4,50 m²; b) 3,65 m²; c) 5,40 m²; d) 3,51 m²

Además, aunque cada vez se tiende más a reducir los archivos en formato papel y a utilizar sólo copias en formato electrónico, su uso sigue siendo masivo y es necesario prever espacio suficiente para los archivos.

En la figura 5.4, se muestran los espacios necesarios según la disposición de los archivos y otro mobiliario necesario en los servicios administrativos.

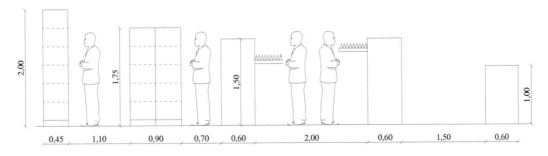

Fig. 5.4 Mobiliario de servicios administrativos; espacios mínimos necesarios

5.5 Tipos de distribuciones

Existen múltiples alternativas para distribuir las zonas administrativas. Éstas se pueden englobar en:

a)   Servicios administrativos convencionales
b)   Servicios administrativos abiertos zonificados
c)   Servicios administrativos abiertos

5.5.1 Servicios administrativos convencionales

En el tipo de servicios administrativos convencionales, el objetivo es separar los trabajadores de mayor rango del resto de personal.

Las características de este tipo de distribución son:

−   zonas de servicios administrativos privados para los altos cargos
−   inexistencia de divisiones entre las mesas de trabajo
−   líneas rectas
−   sólo mesas de trabajo

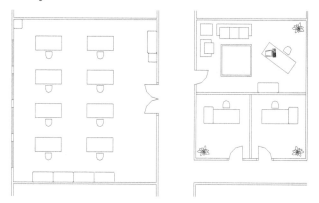

Fig. 5.5 Distribución convencional

5.5.2 Servicios administrativos abiertos zonificados

En el tipo de servicios administrativos abiertos zonificados no existen paredes interiores, aunque normalmente se dispone de un área especial privada.

Las características de este tipo de distribución son:

−   inexistencia de zonas de servicios administrativos privados
−   algunas particiones utilizando el mobiliario y/o plantas
−   inexistencia de líneas rectas
−   organización aleatoria de las mesas de trabajo
−   existencia de algunas unidades de almacenamiento, como archivos, armarios, etc.

Los pasillos rectos se sustituyen por espacios curvados. Las mesas de trabajo se organizan para reducir al mínimo el coste de comunicación.

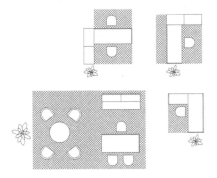

Fig. 5.6 Distribución abierta zonificada

5.5.3 Servicios administrativos abiertos

La clave del tipo de servicios administrativos abiertos es que cada puesto de trabajo tiene sus necesidades específicas. Cada puesto de trabajo tiende a tener una disposición sistemática, en vez de rectangular, como en la distribución convencional. La variedad visual se enfatiza mediante la coordinación de color en el mobiliario.

Las características de este tipo de distribución son:

– pocas zonas de servicios administrativos privados
– uso extensivo de particiones y plantas
– líneas curvas y rectas
– espacios de trabajo y unidades de almacenaje de distintos tipos y medidas

La distribución en servicios administrativos abiertos es particularmente efectiva cuando se integra con mobiliario modular. En este caso, se pueden alojar eficientemente más trabajadores; se reduce el coste de distribución, al igual que el coste de energía, y se mejora la productividad de los trabajadores.

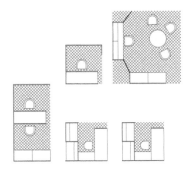

Fig. 5.7 Distribución abierta

5.6 Zonas adicionales

Aparte de las zonas comunes de trabajo y los despachos individuales, tales como el despacho del director general, el departamento de ingeniería, el departamento de ventas, el departamento de servicio al cliente, el departamento de control de calidad, el de programación, el de contabilidad, el de recursos humanos, etc., en función del tipo de empresa, es necesario también disponer de zonas adicionales, tales como salas de reuniones, zonas de recepción, etc.

Las dimensiones y la situación relativa de estas zonas dentro del espacio destinado a los servicios administrativos dependen del organigrama de la empresa, los flujos de movimiento de los trabajadores y las necesidades de la empresa.

5.6.1 Recepción

En función del tamaño de la empresa, las zonas de entrada y recepción pueden ser muy importantes. Por norma general, existen dos tipos de áreas de entrada y recepción:

   a) Principal: normalmente de gran apariencia y al nivel de la calle.
   b) De servicio: para el personal.

Además, en función de la política de la empresa y de sus dimensiones, las áreas de recepción pueden disponer de recepción personal, zona de espera, aseos, área de exposición, etc.

5.6.2 Salas de reuniones

Las salas de reuniones son espacios destinados a reuniones entre los miembros de la empresa, y entre miembros de la empresa y personas externas, tales como clientes, suministradores, etc.

En función de su capacidad, existen distintas distribuciones de salas de reuniones (Fig. 5.8). La más convencional es aquella que dispone de una mesa alargada en el centro y suele estar dotada de teléfono, proyectores, cañón de diapositivas y conexión a Internet.

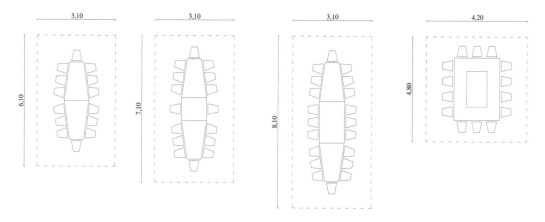

Fig. 5.8 Posibles distribuciones de la sala de reuniones en función de su capacidad

La tabla 5.1 proporciona datos de referencia para el dimensionado de los diferentes tipos de espacios de reunión de la zona administrativa. Estos valores pueden variar en función de los requisitos de cada caso.

Tabla 5.1 Tipos de espacios de reunión: características y requisitos

Tipo de espacio	N.º de personas	Dotación superficial por persona	Ubicación
Mesa de trabajo	2-3	2,00-2,75 m^2	
Área de reunión	4	2,00-2,75 m^2	En una zona delimitada por mamparas, si se trata de zonas de servicios administrativos abiertas
Área de reunión común	6-8	1,50-2,25 m^2	Anexa a las rutas de circulación primaria para evitar la perturbación
Sala de entrevistas	2-3	1,50-2,00 m^2	Adyacente a la entrada principal y a los departamentos más frecuentados
Sala de reuniones	8-12	1,50-2,00 m^2	Facilidad de acceso a todos los departamentos
Área de descanso	12-15	2,25-4,00 m^2	Próxima a los aseos, guardarropa y demás dependencias de servicio
Áreas de asamblea	100-150	-	
Sala de juntas	16-24	1,50-2,00 m^2	Antesala (refrigerios y abrigos). Facilidad de acceso para los servidores de los refrigerios
Sala de conferencias	15-20	1,50-2,00 m^2	Facilidad de acceso para los visitantes
Auditorio	50-100	-	Área de reunión próxima al auditorio

6 Distribución en planta

6.1 Introducción

Una vez analizados el proceso industrial y todas sus implicaciones, tales como la necesidad de elementos de transporte, manipulación y almacenamiento, zonas de embarque de materiales, y también todos aquellos espacios auxiliares necesarios para el buen funcionamiento de la planta industrial, tales como los servicios administrativos, los vestuarios, los comedores, etc., estamos en condiciones de plantear y definir la distribución en planta de la nave industrial.

La *distribución en planta*, *implantación* o *layout*, tiene por objeto la ordenación racional de los elementos involucrados en los sistemas de producción.

En cualquier tipo de distribución en planta, es necesario realizar un estudio previo para conseguir una distribución en planta que satisfaga las necesidades y/o los requerimientos de la empresa.

El hecho de no realizar este estudio puede implicar que la distribución final no sea funcional o bien que presente alguna carencia, y que se tengan que hacer modificaciones posteriores.

Una mala concepción de la planta conlleva una mala concepción del edificio industrial y, por tanto, del sistema estructural y de las instalaciones que serán necesarias.

Teniendo en cuenta que lo más habitual en las edificaciones de tipo industrial es que el promotor sea el que posteriormente explota las instalaciones, una mala distribución en planta supone un incremento de los costes del sistema industrial-empresarial, que repercute directamente sobre los productos finalmente obtenidos.

Históricamente, se ha intentado racionalizar y esquematizar este estudio inicial. A medida que los sistemas de trabajo se han ido desarrollando y las industrias se han ido agrandando, ha sido necesario dedicar más tiempo al estudio de la mejor forma de emplear el espacio disponible. En el siglo XX, se han creado varias metodologías. Una de las más extendidas es el SLP (*Systematic layout planning*), desarrollado por Richard Muther alrededor de 1970.

Independientemente de la metodología utilizada, las posibles distribuciones en planta que se pueden generar son subjetivas. Si conocemos y determinamos claramente cuáles son los objetivos que perseguimos en la distribución en planta, podemos llegar a obtener una buena solución, que puede que no sea la mejor pero sí será una solución que cumplirá con los requisitos establecidos inicialmente.

En general, los objetivos que se persiguen en cualquier distribución en planta son:

a) *Integrar el conjunto*
La mejor distribución es la que integra a los operarios, los materiales, la maquinaria, las actividades, así como cualquier otro factor, de modo que se obtenga el compromiso mejor entre todas estas partes.

b) *Minimizar la distancia recorrida*
En igualdad de condiciones, es siempre mejor la distribución que permite que la distancia a recorrer por el material entre operaciones sea la más corta.

c) *Ordenar la circulación o flujo de materiales*
En igualdad de condiciones, es mejor aquella distribución que ordena las áreas de trabajo de modo que cada operación o proceso esté en el mismo orden o secuencia en que se tratan, elaboran o montan los materiales.

d) *Utilizar eficientemente el espacio cúbico*
La economía se obtiene utilizando de un modo efectivo todo el espacio disponible tanto en vertical como en horizontal.

e) *Tener en cuenta la satisfacción y la seguridad (confort)*
En igualdad de condiciones, será siempre más efectiva da distribución que haga el trabajo más satisfactorio y seguro para los operarios, los materiales y la maquinaria.

f) *Flexibilizar la distribución*
En igualdad de condiciones, siempre será más efectiva la distribución que pueda ser ajustada o reordenada con menos costes o inconvenientes.

6.2 *Systematic layout planning*

Tal como se ha comentado anteriormente, existen distintas metodologías para resolver problemas de distribución en planta.

El SLP fue desarrollado por Richard Muther como un procedimiento sistemático multicriterio y relativamente simple para la resolución de problemas de distribución en planta de diversa naturaleza.

Este método se basa en la información de referencia del proceso industrial y espacios auxiliares, y consiste en fijar un cuadro operacional de fases y una serie de procedimientos que permiten identificar, valorar y visualizar todos los elementos involucrados en la implantación y las relaciones existentes entre ellos.

En la figura 6.1 se muestra el gráfico funcional del procedimiento SLP, con las correspondientes actividades a realizar ordenadamente.

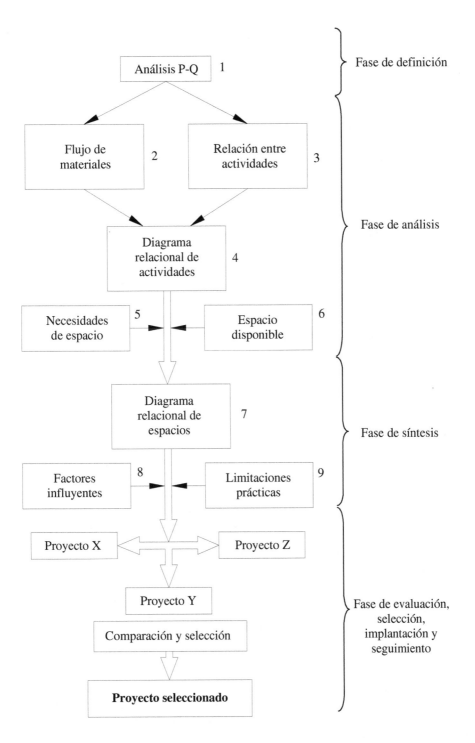

Fig. 6.1 Esquema SLP

Tal como se muestra en el esquema anterior, el SLP se descompone en seis fases:

1. *Definición/cuantificación*. Realizar estudios de mercado para conocer qué producto se necesita fabricar y qué cantidad es capaz de absorber el propio mercado de aquel producto.

2. *Análisis*. Analizar las diferentes operaciones del proceso industrial y las diversas dependencias con las zonas de la planta.

3. *Síntesis*. Reflejar en diagramas el análisis realizado anteriormente, dejando varias soluciones alternativas.

4. *Evaluación*. Comparar entre varias soluciones.

5. *Selección*. Adoptar la solución más oportuna para cada caso, una vez se ha realizado la evaluación.

6. *Implantación y seguimiento*. Implantar la opción seleccionada y realizar un seguimiento de ésta.

6.2.1 Fase de definición/cuantificación

La fase de definición incluye la etapa:

1. Análisis de producto-cantidad

Análisis de producto-cantidad (P-Q)

El organigrama del SLP pone de manifiesto los dos elementos fundamentales sobre los que se apoya la implantación: el producto y la cantidad.

La cuestión fundamental que se plantea es determinar qué producir, cuánto producir y en cuánto tiempo, para determinar en función de estos parámetros, las dimensiones de la planta industrial.

Se entiende por producto (P) tanto los productos finales como los materiales o componentes, es decir, materias primas, productos en curso, residuos, etc.

Se entiende por cantidad (Q) la cantidad de producto o material utilizado durante el proceso. Para precisar la cantidad de producto, es necesario fijar un período de tiempo, que será el que determinará las dimensiones de la planta: el sistema productivo se diseña para poder fabricar cierta cantidad de producto durante un período de tiempo determinado.

Para realizar el análisis P-Q, se recomienda elaborar una gráfica en forma de histograma de frecuencias, en la que se representen en las abscisas los diferentes productos a elaborar y en las ordenadas las cantidades de cada uno. Los productos han de representarse en la gráfica en orden decreciente de cantidad producida. En función del tipo de histograma resultante, es recomendable implantar un tipo u otro de distribución.

Como ejemplo se muestra la figura 6.2, donde se puede observar el modo de establecer una curva situando, en orden decreciente, las cantidades producidas por artículo o variedad de producto. El gráfico P-Q tiene una curva parecida a una hipérbola y es, generalmente, asintótica en sus dos extremos. Este gráfico está íntimamente relacionado con la maquinaria del proceso a implantar.

En un extremo de la curva (zona A) hay cantidades importantes de unos pocos productos o variedades. Las fabricaciones correspondientes requieren, esencialmente, condiciones y métodos de producción de grandes masas. Es aconsejable escoger para estos productos un sistema de fabricación en serie con maquinaria especializada.

En el otro extremo de la curva (zona B), aparecen un gran número de productos fabricados en cantidades pequeñas. Exigen unas condiciones de trabajo "a medida": en este caso (denominado "curva plana"), la fabricación se tendrá que enfocar hacia un sistema muy manual (no automatizado), con maquinaria universal (que pueda utilizarse para varios productos y/o varias operaciones del proceso). Dicho de otra manera, algunos productos predisponen instalaciones mecanizadas y un tipo de planeamiento automatizado, mientras que otros exigen unos métodos de manutención flexibles y unos equipos estandarizados dispuestos para poder efectuar operaciones universales.

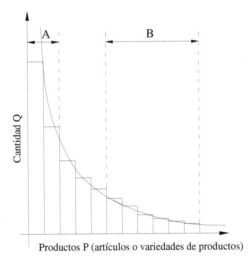

Fig. 6.2 Análisis P-Q

6.2.2 Fase de análisis

El análisis incluye las etapas:

2. Flujo de materiales
3. Relación entre actividades
4. Diagrama relacional de actividades
5. Factores influyentes
6. Limitaciones prácticas
7. Diagrama relacional de espacios

Flujo de materiales

Para identificar, seleccionar y secuenciar el proceso industrial de forma global, es preciso realizar los diagramas de proceso, de máquinas y de flujos, y las fichas de máquinas, con el objetivo de grafiar todas las necesidades del proceso, mediante la representación de las operaciones, las máquinas, los suministros, etc., tal como se define en el capítulo 2 (Elementos del sistema de producción).

Relación entre actividades

Se entiende por *actividad* cualquier elemento del sistema de producción caracterizado por un requerimiento espacial y por un conjunto de relaciones. La relación entre actividades se desarrolla mediante la tabla relacional de actividades.

Lo primero que se debe hacer es un listado de todas las actividades que forman parte de la industria a implantar. Por ejemplo, vestuarios, comedores, almacén de entrada, zona de producción (dividida en las diferentes operaciones de proceso industrial si es necesario), zonas de mantenimiento, servicios administrativos, etc. Una vez acabado este listado, se procede a realizar una tabla o matriz relacional de actividades.

La tabla relacional de actividades muestra las diferentes actividades de la implantación y sus necesidades de relaciones mutuas. Además, evalúa la importancia de la proximidad entre las actividades, con el apoyo de una codificación apropiada, en la que se indica la causa de la relación. Así, permite integrar los elementos directos de producción con los elementos auxiliares de producción.

La tabla puede compararse con una tabla matricial en diagonal, de forma que las casillas «de-a» y «a-de» se encuentran situadas una encima de la otra. Cada casilla representa la intersección de dos actividades. En la tabla, se muestran las actividades que deben acercarse y las que deben alejarse. Es una forma de facilitar las relaciones descritas.

La escala de valores para la relación de las actividades se indica con las letras A, E, I, O, U y X (indican los diferentes grados de relación). Las vocales utilizadas tienen su origen en el significado inglés de las palabras.

En la tabla 6.1, se puede observar la relación entre los diferentes tipos de relación y las letras que se utilizan para designar estas relaciones.

Tabla 6.1 Códigos y tipos de relaciones

Código	Tipo de relación
A	Relación absolutamente importante
E	Relación especialmente importante
I	Relación importante
O	Relación ordinaria
U	Relación sin importancia
X	Relación no deseada

La valoración de las relaciones debe acompañarse de los motivos que justifican la relación. Para cada una de estas justificaciones, se escribe una cifra convencional (en el cuadro correspondiente de la tabla) que hace referencia a un motivo o causa (indicados en una leyenda).

Se pueden indicar varios motivos (si es necesario) en el cuadro correspondiente, y así se tiene un gran número de información en la misma hoja sin que sea necesario llenarlo con un exceso de observaciones.

En cualquier proyecto de planeamiento, la mayor parte de los motivos de relación o no relación entre las actividades se reducen a una decena, y pueden ser diferentes para cada proyecto, e incluir tanto causas positivas como negativas (para la relación X).

La figura 6.3 muestra un ejemplo de la tabla relacional de actividades. Cada casilla está dividida horizontalmente en dos: la parte superior representa el valor de relación y la parte inferior indica los motivos que han inducido a escoger este valor (causa de la relación). Para cada relación, existen un valor y unos motivos que lo justifican.

En general, y para no sobrecargar la matriz, las causas que justifican las relaciones tipo U no son relevantes, dado que si lo fueran la relación ya no sería "sin importancia":

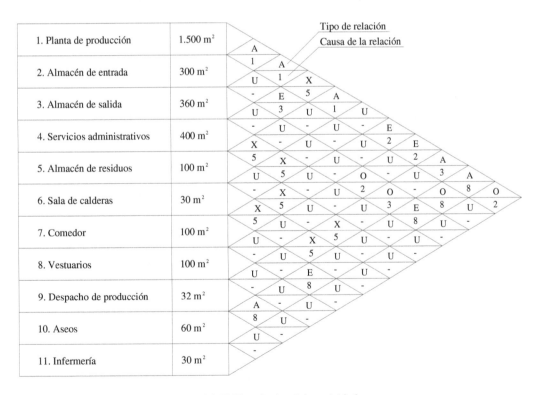

Fig. 6.3 Tabla relacional de actividades

En la tabla 6.2, se pueden observar los motivos o causas indicados en el ejemplo anterior.

Tabla 6.2 Códigos y motivos de las relaciones

Código	Motivo o causa	Código	Motivo o causa
1	Recorrido de material	6	Reparación de averías
2	Recorrido de personal	7	Uso compartido de equipos de trabajo
3	Inspección y control	8	Comodidad
4	Aporte de energía	9	Control de calidad
5	Razones estéticas, ruidos, higiene y otras molestias		

Diagrama relacional de actividades

Tras realizar la tabla relacional de actividades, el paso siguiente es crear el diagrama relacional de actividades. Éste refleja en forma de diagrama la información contenida en la tabla relacional de actividades.

No existen normas adoptadas universalmente en la industria para los tipos de actividades a grafiar en los diagramas relacionales de recorridos y/o actividades. Sin embargo, los colores que se utilizan en el SLP se encuentran en la tabla 6.3.

Tabla 6.3 Pautas para la representación de proximidad en el diagrama relacional de actividades

Actividad	Color	Líneas de trazado
A	Rojo	4 rectas
E	Amarillo	3 rectas
I	Verde	2 rectas
O	Azul	1 recta
U	Blanco	-
X	Negro	1 zigzag

El diagrama relacional de actividades se empieza dibujando las actividades que tienen el tipo de relación A. Estas uniones se marcan con una línea de color rojo (en caso de querer hacerlo con colores) o bien mediante cuatro líneas paralelas que conectan las actividades (criterios indicados en la tabla 6.3). En la figura 6.4, se observa el inicio de la realización del diagrama relacional de actividades del ejemplo anterior (Fig. 6.3).

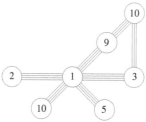

Fig. 6.4 Inicio de diagrama relacional de actividades del ejemplo

Cuando se han dibujado todas las uniones del tipo A, se añaden las uniones que siguen a continuación por orden de importancia, o sea, las E. Normalmente, será necesario redistribuir las uniones de tipo A antes de añadir las uniones de tipo E. Para estas últimas, se utilizan líneas de color amarillo, o bien se trazan tres líneas paralelas entre ellas. El ejemplo seguiría como se indica en la figura 6.5. Se añaden, a continuación, las actividades con uniones de tipo I, empleando el color verde o bien dos líneas paralelas. En cualquier momento, puede ser preciso rehacer el dibujo para obtener un gráfico geográficamente más ordenado.

Se sigue el mismo procedimiento para las uniones X de color negro o zig-zag. Estas uniones de tipo X tienen un valor no deseado. Después, las uniones O de color azul o una sola línea. Las de tipo U no se representan porque no tienen ningún tipo de importancia. Así pues, el orden de representación sería A, E, I, X, O.

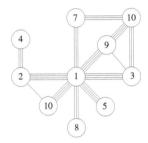

Fig. 6.5 Continuación del ejemplo anterior

De esta manera, se pueden establecer sucesivamente varios gráficos (proceso iterativo) antes de llegar a una solución satisfactoria, que es cuando todas las casillas de la tabla relacional de actividades ya han sido reproducidas con todas las uniones de proximidad y alejamiento.

El ejemplo de la figura 6.3 podría tener, entre otros, el diagrama relacional de actividades completo que se representa en la figura 6.6.

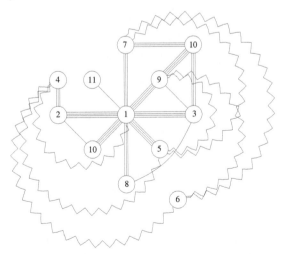

Fig. 6.6 Diagrama relacional de actividades del ejemplo

La solución óptima del diagrama se consigue cuando las líneas de tipo A, y si es posible las E, son las más cortas posible, las tipo X sean las más largas posible, y se evita al máximo posible el cruce de líneas (sobre todo de tipo A y E). Pueden ser necesarias varias iteraciones hasta llegar a la solución final, solución que no necesariamente ha de ser única.

Diagrama relacional de espacios

Una vez acabado el diagrama relacional de actividades, se realiza el diagrama relacional de espacios. Para hacerlo, antes se debe pasar por las etapas 5 y 6 del SLP, para conocer las necesidades de espacio de cada actividad (basado en las fichas de máquinas y requerimientos de cada actividad de forma individual), y contrastarlo con el espacio disponible de la parcela donde se quiere realizar la implantación. El caso más frecuente es que un proyecto de planeamiento tenga que enfrentarse a la insuficiencia de superficies o al factor financiero. La limitación de las posibilidades de inversión se traduce, generalmente, en una reducción del espacio disponible.

Sea por la causa que sea, el caso es que normalmente no puede disponerse de todo el espacio que se desearía, hecho que implica la necesidad de efectuar arreglos y ajustes. Estos arreglos y ajustes son una de las etapas más delicadas del SLP.

Si las necesidades son superiores a las disponibilidades, es preciso reducirlas. Como norma general, esta reducción no se debe hacer por una simple proporcionalidad entre todos los sectores que intervienen. Es preferible reducir las necesidades allá donde pueda hacerse realmente, con el mínimo perjuicio para el funcionamiento global de la empresa. En otras palabras, es necesario valorar y clasificar cada uno de los sectores para poder determinar cuáles pueden ser reducidos.

Normalmente, las zonas que se pueden disminuir son las de interés general, abiertas, adaptables, que pueden cumplir varios objetivos. En definitiva, siempre se llega a encontrar espacio para los almacenes o las zonas administrativas, si es necesario. Esta es la razón por la cual muchos proyectos de planeamiento acaban sin almacenes ni espacios adecuados para los servicios auxiliares.

Los espacios necesarios para los elementos directos de producción están directamente relacionados con las diferentes operaciones del proceso industrial. Así pues, antes de realizar el diagrama relacional de espacios, se debe tener muy claro cuáles son los espacios necesarios para cada una de estas operaciones. Por este motivo, es muy importante conocer el número concreto de máquinas necesarias, tarea que debe realizarse mediante técnicas numéricas, que escapan al propósito de esta obra. Como primera aproximación, para determinar este número es importante tener en cuenta, al menos, los aspectos siguientes:

1. *Las puntas de producción.* La maquinaria instalada ha de ser capaz de absorber las puntas de producción que se produzcan a la fábrica.

2. *El mantenimiento.* Se puede dar el caso de que haya máquinas que cada cierto tiempo necesiten unas horas de mantenimiento preventivo. Si éste no se ha previsto, puede dar lugar a distorsiones en el funcionamiento normal del proceso industrial.

3. *La probabilidad de que la máquina se estropee.* Evidentemente, ningún fabricante proporciona información sobre la frecuencia en que una máquina tiene problemas. Debería tenerse en cuenta que las máquinas pueden fallar y así evitarían problemas a posteriori.

La cantidad de máquinas necesarias se indica en el diagrama de maquinaria, mientras que el espacio que cada máquina necesita para trabajar se extrae de las fichas de máquinas. Con estos datos, junto con la aplicación de la normativa vigente (en lo referente a seguridad y salud, normativas específicas para cada máquina, etc.), se acaba encontrando el espacio necesario para cada operación del proceso industrial.

Con referencia a la superficie necesaria para los elementos auxiliares de producción, existen diferentes criterios para su dimensionado. Éstos, complementados con la normativa y las recomendaciones indicadas, forman un buen referente para encontrar los metros cuadrados mínimos necesarios de cada actividad.

Para realizar el diagrama relacional de espacios, se parte del diagrama relacional de actividades, pero asignando la superficie necesaria a cada actividad. Los cuadros que representan las actividades en este diagrama no es preciso que estén a ninguna escala concreta, pero sí deben mantener entre ellos la proporcionalidad de su superficie necesaria, y deben tener necesariamente frontera con aquellas actividades para las cuales se ha definido relación.

Siguiendo el ejemplo introducido en la figura 6.3, obtenemos el siguiente diagrama relacional de espacios.

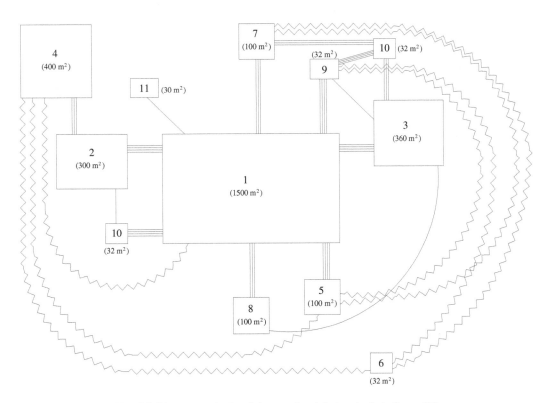

Fig. 6.7 Diagrama relacional de espacios del ejemplo de la figura 6.3

Se puede apreciar que se ha mantenido la estructura obtenida en el diagrama relacional de actividades y que se le han aplicado encima las superficies necesarias para cada actividad. Juntando los cuadros, se obtiene un primer boceto de distribución en planta. Éste cumple con las relaciones indicadas en el diagrama relacional de espacios, que a su vez seguía con las indicaciones del diagrama relacional de actividades, que era la representación gráfica de la tabla relacional de actividades. Consiguientemente, el primer boceto de distribución en planta de la implantación cumple con las necesidades de proximidad estipuladas al principio de todo este proceso.

6.2.3 Fase de síntesis

Dentro de síntesis del SLP, se incluyen las etapas:

8. Factores influyentes
9. Limitaciones prácticas

y la creación de varias alternativas definitivas de distribución en planta de la industria.

Se parte del diagrama relacional de espacios y se modifica teniendo en cuenta los requerimientos internos de confort del personal en el puesto de trabajo. Se debe analizar si el espacio para cada puesto de trabajo marcado por la normativa de seguridad y salud es suficiente para el caso concreto de la implantación. Además, en el diseño de la planta se deben incluir los pasillos de acceso a las diferentes zonas.

Por otra parte, se deben considerar una serie de requerimientos externos, como pueden ser las limitaciones urbanísticas, la localización de los suministros de servicios u otras impuestas por la normativa vigente (por ejemplo, modificaciones para cumplir con la normativa contra incendios). El resultado final de la fase de síntesis son varias opciones de distribución en planta.

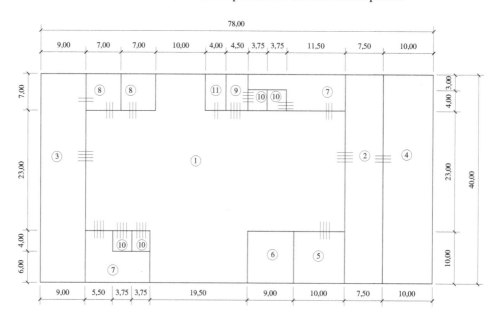

Fig. 6.8 Primera solución de distribución en planta del ejemplo

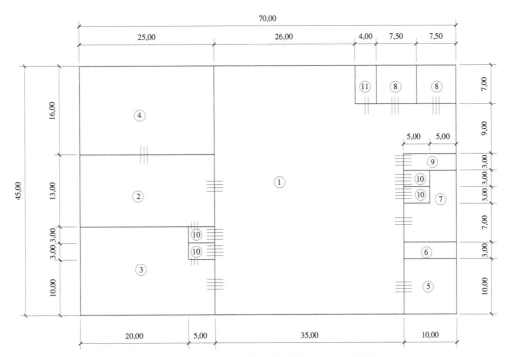

Fig. 6.9 Segunda solución de distribución en planta del ejemplo

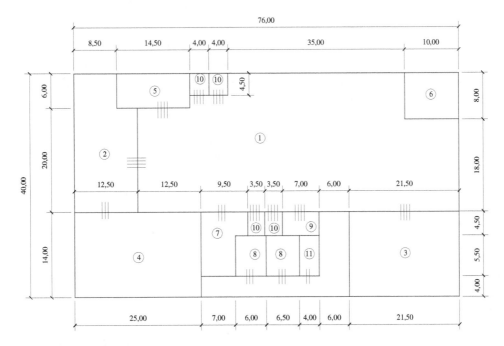

Fig. 6.10 Tercera solución de distribución en planta del ejemplo

6.2.4 Fase de evaluación, selección, implantación y seguimiento

Las últimas fases del procedimiento SLP son las de evaluación, selección, implementación y seguimiento del proyecto.

A partir de las alternativas propuestas en la fase de síntesis, se debe realizar una evaluación de éstas para poder seleccionar la solución óptima para la implantación que se está realizando.

Para ello, se debe plantear los criterios de selección, basados en los principios explicados al inicio del capítulo y asignarles un peso que refleje su importancia relativa. Como ejemplo, se pueden considerar:

- Comunicación directa de los almacenes de entrada y de salida con los accesos a la parcela.
- Proximidad del despacho de producción a la entrada de la zona de producción para facilitar el control de las entradas y salidas de los trabajadores.
- Simplicidad de las edificaciones y confort de los trabajadores.
- Posibilidad de ampliaciones futuras.
- Sencillez del tráfico de vehículos parla la carga y descarga de materiales.

A continuación, se deben evaluar las distintas alternativas de distribución en base a los criterios establecidos.

Para obtener la alternativa más favorable, se debe multiplicar la puntuación por los pesos correspondientes a cada factor y obtener el total para cada alternativa.

Tabla 6.4 Análisis de las distintas alternativas de distribución en planta del ejemplo

Criterios (objetivos)	Peso	Alternativas		
	%	1	2	3
Comunicación directa de los almacenes de entrada y de salida con los accesos a la parcela. (Minimizar la distancia recorrida).	10	2	10	8
Proximidad del despacho de producción a la entrada de la zona de producción para facilitar el control de las entradas y salidas de los trabajadores. (Integrar el conjunto).	10	4	6	10
Simplicidad de las edificaciones y confort de los trabajadores. (Tener en cuenta la satisfacción y la seguridad).	30	9	9	9
Posibilidad de futuras ampliaciones. (Flexibilizar la distribución).	40	3	3	8
Sencillez del tráfico de vehículos para la carga y descarga de materiales. (Ordenar la circulación o flujo de materiales).	10	3	10	8
Puntuación		4,8	6,5	8,5

En el ejemplo que se muestra, se ve claramente que la alternativa 3 es la que más se adecua a las necesidades del proceso industrial, de la parcela, de las características del entorno, etc.

En la figura 6.11 se muestra la distribución en planta escogida, con las superficies definitivas de cada una de las zonas.

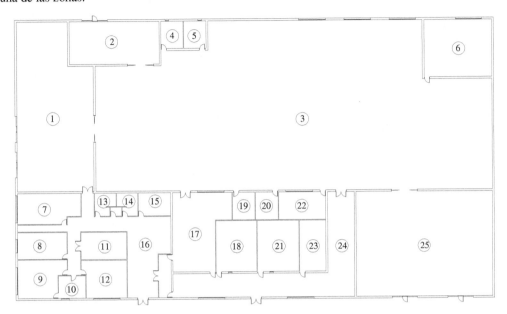

	Actividad	Superficie		Actividad	Superficie
1	Almacén de entrada	32 m²	13	Aseo de hombres	11 m²
2	Almacén de residuos	97 m²	14	Aseo de mujeres	11 m²
3	Planta de producción	1.483 m²	15	Archivo	18,5 m²
4, 19	Aseo de hombres	15 m²	16	Recepción	65 m²
5, 20	Aseo de mujeres	15 m²	17	Comedor	97 m²
6	Sala de calderas	98 m²	18	Vestuarios de hombres	51 m²
7	Despacho de contabilidad	46 m²	21	Vestuarios de mujeres	51 m²
8	Despacho de gerencia	33 m²	22	Despacho de producción	32 m²
9	Despacho de dirección	42 m²	23	Enfermería	32 m²
10	Secretaría	15 m²	24	Entrada de producción	165 m²
11	Sala de reuniones	31,5 m²	25	Almacén de salida	360 m²
12	Despacho de ventas	40 m²			

Fig. 6.11 Solución definitiva de distribución en planta del ejemplo

6.3 Otros métodos (herramientas, sistemas) de distribución en planta

No todos los casos de distribución en planta son suficientemente sencillos para ser resueltos por el método SLP. Debido a su complejidad, se han desarrollado diversos métodos heurísticos, utilizados en programas informáticos, que intentan resolver el problema de la distribución en planta de una manera más ágil y sencilla. Cabe decir que no siempre se consigue encontrar la mejor solución para un caso concreto de distribución en planta.

Existen numerosos paquetes informáticos en el mercado para realizar el análisis de las distribuciones, pero, en general, todos se basan en métodos matemáticos y de investigación de operaciones ya clásicos.

Entre los paquetes informáticos para el análisis de las distribuciones existentes en mercado pueden mencionarse los que se exponen a continuación.

6.3.1 CRAFT (*Computer Relative Allocation of Facilities Technique*)

El método CRAFT fue introducido en 1964 por Armour, Buffa y Vollman, y es uno de los primeros algoritmos utilizados para la distribución en planta. Su objetivo es minimizar los costes totales de los transportes internos en la nave industrial (transporte de personas, material, indistintamente). El coste del transporte entre dos zonas se define como el producto del número de viajes realizados entre ellos por un valor específico de coste por unidad de distancia.

Este método parte de una distribución previa que se toma como punto de partida, así como su coste total de transporte. Tras calcular el coste que genera la distribución inicial, se intercambian las zonas de dos en dos (o de tres en tres), se evalúa el coste de cada cambio y se adopta entre todos el de menor coste. El proceso es iterativo y se va repitiendo hasta que el coste no pueda ser disminuido o se haya alcanzado un total de iteraciones específicas.

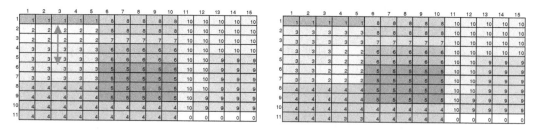

Fig. 6.12 Iteración del método CRAFT

Por tanto, las entradas para el cálculo de la distribución con el algoritmo CRAFT son:

- número de zonas
- medidas y superficie de la planta industrial
- superficies de las zonas
- número de viajes entre zonas y coste de la unidad de distancia recorrida.
- distribución inicial

Y como resultado se obtiene:

- distribución de las diferentes zonas que implica un coste de transporte mínimo
- coste total de transporte

6.3.2 ALDEP (*Automated Layout Design Program*)

El método ALDEP fue desarrollado en 1967 por Seehof y Evans, y se basa en un algoritmo de barrido.

Este método parte de una planta de un edificio donde sólo hay situados los elementos fijos. El proceso empieza seleccionando de forma aleatoria un primer departamento, que lo sitúa en la esquina noroeste de la planta, y colocando los demás de forma sucesiva en función de las especificaciones de proximidad dadas. Por tanto, se utiliza una matriz de código de letras similar a las especificaciones de prioridad de cercanía de Muther. Dicha clasificación es traducida a términos cuantitativos para facilitar la evaluación.

El resultado de este proceso son 20 distribuciones en planta diferentes. Por tanto, es el usuario quien finalmente tiene que elegir la más adecuada a sus necesidades.

Las entradas para el cálculo de la distribución con el método ALDEP son:

- información de las zonas
- tabla relacional de actividades
- planta de la nave industrial
- elementos fijos

Y el resultado es:

- 20 distribuciones en planta diferentes

6.3.3 CORELAP (*Computerized Relationship Layout Planning*)

El método CORELAP fue desarrollado en 1967 por Lee y Moore.

Este método introduce secuencialmente las actividades en la distribución. El criterio para establecer la ubicación adecuada de cada una de las actividades se basa en el índice de proximidad TCR, (*Total Closeness Rating*), que es la suma de todos los valores numéricos asignados a las relaciones de proximidad de la tabla relacional de actividades (A=6, E=5, I=4, O=3, U=2, X=1).

El método empieza situando en el centro de la distribución la zona que está más interrelacionada con el resto y que, por tanto, tiene una puntuación mayor.

Sucesivamente, se van colocando las demás zonas en función de su necesidad de cercanía con las ya colocadas. Las soluciones obtenidas se caracterizan por la irregularidad en las formas.

Depart.	TCR	Orden
1	402	5
2	301	7
3	450	4
4	351	6
5	527	2
6	254	8
7	625	1
8	452	9
9	502	3

Fig. 6.13 Ejemplo de distribución obtenida a partir del método CORELAP

Las entradas para el método CORELAP:

- información de los departamentos
- tabla relacional de actividades

Como resultado, se obtiene:

- Una distribución en planta que cumple con las especificaciones de proximidad iniciales

6.3.4 PLANET (*Plant Layout Analysis and Evaluation Technique*)

El método PLANET fue desarrollado en 1972 por Deisenroth y Apple, y es utilizado para generar y evaluar distribuciones en planta, que en la mayoría de los casos sirven de base para otras técnicas de distribución. En este caso, el método no parte de restricciones en la forma final de la nave ni en zonas con posiciones prefijadas.

El proceso consiste en:

- Establecer el coste del flujo de materiales entre las actividades. Cada actividad lleva asociada un índice de prioridad, desde 1 hasta 9 en orden descendente de prioridad, para entrar en el *layout*.
- A partir de estos valores, el flujo entre actividades y el índice de prioridad, se establece un criterio para decidir la secuencia con que las actividades entrarán en el *layout*.
- Finalmente, se asignan las ubicaciones a las actividades en el orden establecido en la segunda fase.

Las entradas para el cálculo de la distribución con el método PLANET son:

- información de los departamentos
- tabla relacional de actividades
- planta de la nave industrial
- elementos fijos

Y el resultado es una distribución en planta que cumple con las especificaciones iniciales.

7 El edificio industrial

7.1 Introducción

Aunque en determinados complejos industriales los edificios pueden no existir, el caso más habitual es que existan y sean absolutamente necesarios. En este caso, es necesario tener clara su función: albergar un proceso productivo y sus espacios auxiliares.

Las características del edificio industrial y su tipología estructural y constructiva dependerán de muchos factores, tales como:

- el emplazamiento
- los materiales disponibles
- los condicionantes económicos
- el proceso industrial a albergar
- el *layout*

Es necesario, pues, disponer de información amplia de todos los tipos de estructuras susceptibles de ser utilizadas en un edificio industrial y de las posibles tipologías constructivas en cuanto a cubiertas, fachadas, soleras, pavimentos, falsos techos, particiones interiores, acabados, etc. Ya que, cada proceso industrial y sus espacios auxiliares tienen unas necesidades distintas y por lo tanto el edificio industrial que lo albergue debe ser también distinto.

7.2 Características básicas

Los edificios industriales suelen ser de una sola planta para facilitar las circulaciones y la distribución de todos los elementos, pero se necesita mayor superficie de parcela.

Cuando el producto a fabricar es grande y pesado, la maquinaria implicada en el proceso industrial da lugar a grandes cargas sobre el suelo y se precisa un espacio amplio para la implantación del proceso industrial, es recomendable que edificio sea de una única planta. Además, en el caso de los edificios de una sola planta, el tiempo de construcción es menor que en los edificios de más de una planta, y es más fácil modificar la distribución y prever posibles ampliaciones.

Para aprovechar el espacio, muchas veces se dispone de un área destinada a servicios administrativos con dos plantas, y el resto del edificio con una sola planta y más altura.

Los edificios industriales de varias plantas se limitan a albergar industrias ligeras que permitan una movilidad vertical de las mercancías muy fácil; en caso contrario, no son eficientes económicamente.

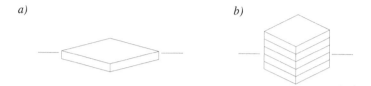

Fig. 7.1 Edificio industrial: a) de una sola planta; b) de varias plantas

En cuanto a la forma del edificio, hoy en día, el número y la frecuencia de los cambios de producción es relevante. Por tanto, son más viables aquellas construcciones para albergar el proceso productivo que son relativamente cuadradas. Evidentemente, no es necesario realizar edificios industriales con forma de "caja de cerillas", pues el edificio es parte de la imagen corporativa de una empresa y ésta también se debe cuidar. Así pues, es conveniente disponer de una zona destinada a la producción con una forma regular, mientras que las zonas auxiliares (vestuarios, comedores, aseos, espacios culturales, zona administrativa, etc.) pueden adoptar distintas formas e incluso situarse en un edificio aparte o en una planta superior, para dar una sensación de diseño en el edificio. Además, las zonas sucias o ruidosas deben ubicarse en un edificio aparte, si es posible.

El proceso industrial también condiciona la composición de los edificios industriales. Los edificios de nave única no disponen de pilares intermedios, son diáfanos y dan una mayor flexibilidad a la utilización del espacio, pero tienen un coste constructivo más elevado y, por tanto, su utilización debe limitarse a los casos en que el proceso industrial así lo imponga.

Fig. 7.2 Edificio industrial: a) nave única; b) naves múltiples

La forma del edificio industrial también depende de los parámetros definidos previamente:

a) Con cubierta a dos aguas, apoyada bien sobre muros perimetrales o bien sobre soportes. Esta opción puede incorporar lucernarios o no.

b) Con cubierta con diente de sierra. Esta opción es buena para disponer lucernarios y aprovechar la luz natural. Los lucernarios deben estar orientados hacia el norte, o al menos tender a ello, para evitar la entrada de rayos solares que puedan producir deslumbramientos y aportaciones caloríficas no deseadas.

c) Con cubierta plana. Con esta opción se aprovecha el espacio cúbico. También puede incorporar claraboyas en la cubierta para aprovechar la luz natural.

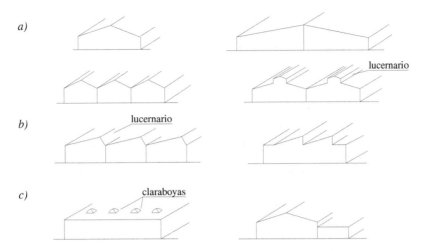

Fig. 7.3 Distintas formas de nave: a) con cubierta a dos aguas; b) con cubierta con diente de sierra;
c) con cubierta plana

7.2.1 Diseño básico

Las dimensiones de los edificios industriales dependen del proceso y del coste de cada posible
solución. Los factores dimensionales a determinar son:

a) La dimensión transversal del edificio y la separación entre los soportes de la estructura (luz)
(T). La distancia T depende básicamente de las necesidades del proceso.

b) La dimensión longitudinal del edificio y la separación entre los soportes de la estructura en este
sentido (L). La distancia L depende básicamente del coste, pues el proceso suele dejar libertad
a la selección de esta dimensión.

c) La altura (H) del edificio desde el suelo de la nave hasta la parte donde se inicia la cubierta,
cuando no existen puentes-grúa, o hasta el gancho de las mismas, cuando estos elementos de
transporte son necesarios. En el caso de las naves sin puente-grúa o cualquier otro elemento de
transporte aéreo, la altura se fija sólo en función de las renovaciones de aire y de la altura de la
maquinaria. En estos casos, la altura suele oscilar entre 4,5 y 7 m.

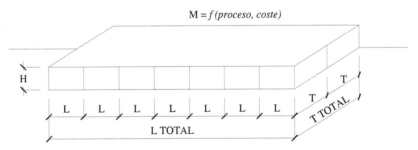

Fig. 7.4 Esquema de las dimensiones del edificio industrial

Las dimensiones del edificio vienen impuestas básicamente por el proceso industrial. En general, se suele producir una dicotomía entre mayor coste de la construcción y mayor luz (T), pero cuanto menor sea la luz T menor será también la flexibilidad para alterar un layout o, lo que es lo mismo, menor será la capacidad de adaptación del edificio.

Al definir el diseño de un edificio industrial, se deberían tener en cuenta los siguientes criterios:

a) Necesidades del proceso industrial.
b) Necesidades de los elementos de manipulación y transporte de materiales.
c) Estética.
d) Ambiente interior (temperatura, humedad, aireación, luz, ruido, color, etc.).
e) Aspectos económicos.
f) Flexibilidad para adaptarse a posibles modificaciones.

En resumen, el edificio industrial ha de constituir un medio para que la producción se realice conforme a los requisitos que impone el proceso que se va a instalar en su interior.

Todas las consideraciones económicas que se realicen han de tender a reducir los costes de la producción y el mantenimiento futuro antes que los costes de construcción actual, aunque el tiempo y el coste del proceso constructivo también se deben tener en cuenta, ya que repercuten indirectamente en el coste del producto final. Además, en función de la política de la empresa, se debe considerar la estética de la construcción industrial.

Para definir el diseño del edificio industrial, se debe decidir:

a) El sistema estructural a utilizar.
b) Los elementos constructivos a utilizar.
c) Las instalaciones necesarias para proporcionar unas condiciones de confort óptimas, además de los suministros energéticos necesarios para la producción.

7.3 El sistema estructural

La *estructura* es el conjunto de elementos resistentes de un edificio capaces de mantener sus formas y cualidades a lo largo del tiempo, bajo la acción de cargas y agentes exteriores a que estén sometidos.

Así pues, la función de una estructura es resistir la acción de las cargas y los agentes exteriores a los cuales puede verse sometido un edificio, sin que para ello pierda las formas y las calidades para las cuales ha sido diseñado. En resumen, se espera que las estructuras sean estables e inmóviles.

7.3.1 Elementos del sistema estructural: suelo-cimentación y estructura

Ninguna estructura puede estudiarse por sí sola ni por separado del resto del sistema al que pertenece. Este sistema está formado por el suelo sobre el que se asienta la construcción, por la cimentación y por la propia estructura, dado que entre estos elementos existe siempre una interacción. De hecho, la función de la cimentación es transmitir los esfuerzos de la estructura al suelo.

En general, las características del suelo, conjuntamente con el tipo de estructura, marcarán la cimentación necesaria. También puede darse el caso de que las características del suelo y la cimentación necesaria condicionen la estructura a construir.

En la figura 7.5 se puede apreciar el esquema de un sistema estructural y los subsistemas que lo componen.

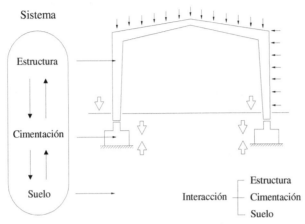

Fig. 7.5 Sistema estructural

7.3.2 Características de una estructura

La estructura de un edificio es una parte muy importante de éste que condiciona muchas veces su morfología final.

De manera general, las finalidades funcionales de una estructura son:

a) *Sostener los elementos que aíslan del exterior* frente a agentes tales como el viento, la lluvia, la nieve, los ruidos, las temperaturas, la vista de otras personas, etc. Desde el punto de vista estructural, pertenecen a este grupo los pilares perimetrales, los contravientos, las correas de cubierta, etc.

b) *Sostener cargas fijas o móviles.* Desde el punto de vista estructural, pertenecen a este grupo los forjados de los edificios, los pórticos, los pilares, las pasarelas, los pasos elevados, etc.

c) *Contener empujes horizontales* tales como los empujes de tierras, de aguas o de otros materiales líquidos, áridos o análogos. Desde el punto de vista estructural, pertenecen a este grupo las paredes de depósitos, de silos, de muros de contención, etc.

Aparte de lograr que la estructura cumpla con las funciones descritas, hay que tener en cuenta una serie de factores que influyen en su diseño:

a) *Factor económico.* Existen siempre unas condiciones o limitaciones de tipo económico y, cumpliendo todas las demás, siempre hay que elegir aquella solución que ofrezca los mejores resultados desde este punto de vista, ya que con frecuencia es el más importante.

b) *Factor tiempo.* Dentro de las condiciones económicas, se debe considerar la eficacia de los materiales disponibles. Este punto se refiere a que para un caso determinado pueden emplearse dos materiales o más, siendo todos ellos igualmente válidos desde el punto de vista técnico, pero uno de ellos es el que da lugar a que se pueda finalizar la construcción en un plazo de tiempo inferior a los demás (lo cual en muchas ocasiones implica un ahorro económico debido a que se puede empezar antes la actividad deseada en el edificio); en ese caso, y sobre todo en construcciones industriales, debe emplearse el material que permite la terminación de la obra en un tiempo menor.

c) *Factor estético.* En función de la política de la empresa, puede interesar considerar la estética y, por tanto, influir en la elección de un determinado tipo estructural.

d) *Factor disponibilidad.* Igualmente, y de forma importante en determinadas regiones, para elegir la solución de estructura se deben tener en cuenta las disponibilidades de materiales o de mano de obra capacitada para su ejecución.

e) *Factor utilidad.* Las características propias de cada material influyen en el tipo estructural que se debe elegir. La piedra, tanto natural como artificial, es apta para resistir la compresión y no lo es para la tracción y, por consiguiente, puede ser un buen material para aquellos tipos estructurales que se estabilicen por su propio peso y un mal material para otros tipos de solicitación. Por el contrario, cuando el problema estructural a resolver es el de resistir esfuerzos de flexión o de tracción, el material natural por excelencia es el acero o, en su defecto, el hormigón armado.

f) *Factor compatibilidad.* Establece las mutuas exigencias o influencias de unos factores con otros. Todos ellos pueden hacer el sistema incompatible, en el sentido que en muchas ocasiones es imposible satisfacer todos los factores plenamente y es necesario conformarse con resolver el problema parcialmente. Por ello, se tienen que limitar al mínimo los inconvenientes y sacrificar, en parte, condiciones menos importantes. Tan sólo puede pretenderse que la resolución del sistema se efectúe con las mínimas desventajas.

7.3.3 Tipologías estructurales y ámbito de aplicación

De forma muy esquemática, las tipologías estructurales más utilizadas en edificación industrial se pueden dividir en:

a) Estructuras de hormigón
b) Estructuras metálicas

Aunque existen más tipos de estructuras, sólo se han considerado estos dos porque son los más habituales actualmente en el mundo de la construcción industrial.

a) Estructuras de hormigón armado

El *hormigón armado* está formado por hormigón en masa y armadura de acero, lo cual provoca que aproveche las calidades del hormigón para la compresión y las del acero para la tracción.

Dentro de esta tipología, se encuentran las estructuras de hormigón armado (*in situ*) y de hormigón prefabricado.

Las *estructuras de hormigón armado in situ* se han de encofrar, hormigonar, vibrar, etc. en la obra.

Ventajas:

- buena resistencia estructural, sobre todo a las tensiones de compresión
- buena resistencia al desgaste
- gran resistencia al fuego
- resistencia a la corrosión, ya que las armaduras de acero presentes en el hormigón armado quedan protegidas por el propio hormigón en masa y el peligro de corrosión es prácticamente nulo

Inconvenientes:

- lentitud de construcción (necesita encofrado, fraguado del hormigón (28 días), etc.)
- luces no extremadamente grandes
- secciones de los pilares mayores con respecto a los pilares metálicos

En la figura 7.6, se observa la construcción de un edificio utilizando una estructura de hormigón armado *in situ*.

Fig. 7.6 Estructura de hormigón armado

Las *estructuras prefabricadas de hormigón* son también estructuras de hormigón armado, con la particularidad de que sus elementos (pilares, vigas, etc.) se pueden realizar en un taller. De esta manera, se consigue que la calidad del material y de las piezas sea muy superior al hormigón armado *in situ*. Así la garantía de la calidad de la estructura es mucho mayor. El problema que puede aparecer en las estructuras prefabricas es el transporte, que puede ser muy costoso para piezas grandes (transportes especiales). A menudo, estas piezas utilizan la tecnología del pretensado comentada anteriormente.

Ventajas:

- buena resistencia estructural, sobre todo a las tensiones de compresión
- buena resistencia al desgaste
- gran resistencia al fuego
- resistencia a la corrosión, ya que las armaduras de acero presentes en el hormigón armado quedan protegidas por el propio hormigón en masa
- buena calidad
- tiempos menores en el proceso constructivo

Inconvenientes:

- transporte costoso de vigas de grandes dimensiones
- disponibilidad de materiales

En la figura 7.7, se observa la construcción de un edificio utilizando una estructura de hormigón prefabricado.

Fig. 7.7 Edificio de estructura prefabricada

b) Estructuras metálicas

Dentro de los materiales metálicos, los más empleados para la construcción de estructuras son los aceros, que constituyen el material estructural por excelencia para las estructuras de edificios industriales, en los cuales casi siempre hay que salvar grandes luces y soportar cargas elevadas. La unión entre los diferentes elementos o barras que constituyen la estructura puede hacerse por algunas de las técnicas existentes de unión de metales (soldadura, roblonado, etc.).

Ventajas:

- gran resistencia mecánica, tanto a tracción como a compresión, lo que le hace un material muy apto económicamente para salvar grandes luces, así como también para soportar elevadas cargas con secciones de piezas relativamente pequeñas
- calidad de los perfiles, por el hecho de provenir de talleres

- reducción sustancial del coste de las estructuras, porque el acero admite deformaciones elásticas para un determinado campo de cargas y después de ello sufre deformación plástica hasta llegar a la rotura
- tiempos menores en el proceso constructivo
- secciones de pilares reducidas en comparación con los de hormigón

Inconvenientes:

- baja resistencia a las temperaturas elevadas, o sea, al fuego. Al aumentar la temperatura de servicio en una estructura metálica, el valor del límite elástico disminuye muy rápidamente y, cuando se llega a temperaturas del orden de los 400 ºC, pasa a ser muy pequeño. Al reducirse el valor del límite elástico, se llega inmediatamente a una disminución de la capacidad portante de la estructura, tanto si está solicitada por tracción como si es por esfuerzos de compresión. Esta poca resistencia a altas temperaturas puede combatirse mediante una protección adecuada de la estructura, con lo cual, aunque se logran resultados idóneos, el coste de la misma puede incrementarse indebidamente.

En la figura 7.8, se observa la construcción de un edificio utilizando una estructura metálica.

Fig. 7.8 Edificio de estructura metálica

7.3.4 Criterios para la elección del tipo de estructura

En el caso de las construcciones industriales, la determinación de las luces y solicitaciones de la estructura viene marcada fundamentalmente por el proceso industrial. Éste tiene absoluta prioridad sobre la forma del edificio y, por tanto, también la tendrá sobre la forma de la estructura (alturas, luces, etc.)

Partiendo del concepto que la nave industrial es sólo un medio para la producción y que se deben minimizar los costes de producción, se llega a la conclusión de que una forma de optimizar estos costes es reducir la inversión económica en la estructura (escoger la tipología más barata con las mismas prestaciones) y hacer que el plazo de puesta en uso de la planta sea el menor posible (para empezar a producir lo antes posible).

La tabla 7.1 es una comparativa de los distintos tipos de estructuras que se pueden utilizar para realizar una nave industrial, y se indica cuál de ellos es el más aconsejable en función de una serie de variables.

Tabla 7.1 Criterios para la elección de una estructura

Clase de estructura Criterio	Estructura metálica	Estructura de hormigón	
		Armado	Prefabricado
Solicitación predominante: -Tracciones	Sí	No	No
- Compresiones	No	Sí	Sí
Altas solicitaciones y limitación de espacio	Sí	No	No
Altas solicitaciones y/o grandes luces	Sí	Aceptable	Poco aceptable
Tiempo de construcción limitado	Sí	En general, no	Sí
Luces extremadamente grandes	Aceptable	En general, no	Poco aceptable
Edificio sometido a: - Bajas temperaturas	Aceptable con precaución (Rotura frágil)	Sí	Sí
- Altas temperaturas	Aceptable con protección	Sí	Sí
- Corrosión	Aceptable con protección	Sí	Sí

7.3.5 Otros elementos del sistema estructural: forjados

Un forjado es un elemento estructural capaz de transmitir las cargas que soporta y su peso propio a los elementos verticales que lo sostienen, dejando un espacio diáfano cubierto. Se emplea para conformar las cubiertas y las diferentes plantas de las edificaciones.

Según su forma de apoyo, los forjados pueden ser: unidireccionales, bidireccionales o reticulares y losas.
Según el material, pueden ser: de hormigón armado, metálico o mixto.

Los *forjados unidireccionales* son aquellos que trabajan a flexión en un solo eje, con lo que están armados en una sola dirección y se deben apoyar sobre elementos lineales tales como vigas o muros de carga. Éstos pueden ser de viguetas y bovedilla o de placas alveolares.

Los forjados de viguetas y bovedilla están constituidos por viguetas dispuestas en una misma dirección y colocadas sobre elementos estructurales con mayor función estática como pueden ser las jácenas (vigas). Entre estas viguetas, se disponen bovedillas, que son bloques cerámicos de hormigón agujereados, con la función de aligerar el peso propio del forjado.

Las placas alveolares están formadas por una losa de hormigón como base en la que se realizan agujeros longitudinalmente para aligerar su peso propio. Este tipo de forjado permite una puesta en obra muy rápida y sencilla, pues al ser autorresistentes se montan sobre las jácenas directamente sin necesidad de puntales, y posteriormente se coloca la capa de compresión de hormigón encima. Además, presentan un acabado de alta calidad, buen aislamiento térmico y acústico; son idóneos para grandes luces y grandes cargas, y presentan rapidez de ejecución.

En la figura 7.9, se observa la colocación de una losa alveolar utilizando una estructura de hormigón prefabricado.

Fig. 7.9 Colocación de losas alveolares

Los *forjados bidireccionales* o reticulares son forjados con nervios de hormigón armado dispuestos en dos direcciones perpendiculares entre sí, por lo que se pueden apoyar sobre elementos puntuales, pilares, que no tienen por qué estar dispuestos de forma ordenada. Estos forjados incorporan entre los nervios núcleos aligerantes (casetones) para reducir su peso.

Con los forjados bidireccionales se obtiene gran libertad de diseño, al no estar limitados por los apoyos lineales; máximo aprovechamiento de la estructura, al distribuir las cargas en dos direcciones, y poca deformabilidad.

En la figura 7.10, se muestra el proceso de construcción de un forjado bidireccional.

Fig. 7.10 Forjado bidireccional

La *losa maciza de hormigón armado* es un elemento portante sin nervaduras, que constituye el sistema más sencillo. Estas losas pueden ser tradicionales (sólo hormigón y armadura) o mixtas (hormigón, chapa metálica y armadura).

En las losas macizas, se realiza un encofrado de madera por encima del cual se colocan las armaduras de acero, y posteriormente se echa el hormigón. Su sistema de ejecución es el más económico para luces inferiores a 4-5 metros, pero presenta dificultades para el paso de instalaciones y un pobre aislamiento térmico.

En las losas mixtas, se realiza un encofrado formado por un perfil de chapa metálica como base y un elemento superior de hormigón, que trabajaran conjuntamente. El uso de chapas metálicas acelera el proceso constructivo.

En la figura 7.11, se muestra el esquema de una losa mixta.

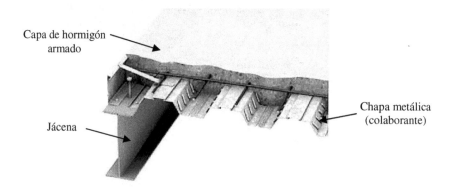

Capa de hormigón armado

Chapa metálica (colaborante)

Jácena

Fig. 7.11 Esquema de losa mixta

7.4 Los cerramientos en los edificios industriales

Se entiende como cerramiento lo que delimita y cierra un edificio. Existen dos tipos de cerramientos: las fachadas y las cubiertas.

7.4.1 La cubierta

La cubierta es el cerramiento horizontal que limita y cierra el edificio por la parte superior.

Las funciones principales de la cubierta son:

a)   Soportar su peso y las posibles cargas de su uso.
b)   Garantizar su deformación frente al hundimiento.
c)   Proteger de las inclemencias climáticas, principalmente del agua de la lluvia, por lo que debe proyectarse y construirse de tal forma que evite la filtración del agua, asegurando su estanquidad.
d)   Proporcionar el ambiente interior deseado mediante la colocación de los mecanismos térmicos adecuados.
e)   Aislar acústicamente.
f)   Proporcionar seguridad ante el fuego.

Las cubiertas en función de su forma pueden ser planas o inclinadas. Para escoger el tipo de cubierta necesaria en un edificio industrial se deben analizar las necesidades del edificio, tanto interiores como exteriores.

En cuanto a las necesidades interiores, el aprovechamiento del espacio cúbico es el que nos determina si la cubierta ha de ser plana o inclinada. Si diseñamos edificios para almacenes, el hecho de utilizar una cubierta plana nos permite obtener más volumen para almacenaje.

En cuanto a las necesidades exteriores, puede ser conveniente poder utilizar la cubierta como terraza, para jardinería, para paso y aparcamiento de vehículos, para maquinaria de instalaciones del edificio, etc., y, por lo tanto, deberíamos optar por una cubierta plana.

La elección de una cubierta plana o inclinada también viene determinada por factores tales como el coste y el mantenimiento. Las cubiertas planas son más caras y conllevan más problemas de impermeabilización, mantenimiento, etc. que las cubiertas inclinadas.

La *cubierta plana* es la más utilizada y, en función de si es necesario que sea transitable, tenemos las cubiertas planas tradicionales y las invertidas.

La cubierta plana tradicional está formada por el forjado, el aislamiento térmico, la membrana impermeabilizante, una capa de nivelación y formación de pendientes y el acabado superficial. Este tipo de cubiertas son transitables pero su peso es considerable. Para reducir el peso y el coste de la cubierta, se puede optar por una cubierta invertida, pero se debe tener en cuenta que ésta no es transitable.

La cubierta plana invertida también está formada por el forjado, pero directamente encima del forjado se coloca la membrana impermeabilizante y encima el aislamiento térmico, de tal modo que no es transitable.

A parte de las cubiertas planas tradicionales y las invertidas, existen las cubiertas planas tipo Deck, cuyo soporte está formado por una chapa metálica grecada. Éstas también pueden ser tradicionales o invertidas, en función del orden de colocación de las distintas capas que componen la cubierta.

En la figura 7.12, se observa un edificio con cubierta plana tipo Deck y, en la figura 7.13, el detalle interior de una cubierta tipo Deck.

Fig. 7.12 Edificio con cubierta plana tipo Deck

Fig. 7.13 Detalle interior de una cubierta plana tipo Deck

Las *cubiertas inclinadas* son aquellas con pendientes cercanas al 15-20%, o incluso superiores. Dadas sus características, estas cubiertas no se consideran transitables (sólo para mantenimiento). Las cubiertas inclinadas pueden ser tradicionales o metálicas.

Las cubiertas inclinadas tradicionales son las construidas con tejas de arcilla (cerámica), tejas de hormigón, etc.

Las cubiertas inclinadas metálicas pueden ser simples o de tipo sándwich. Las cubiertas inclinadas metálicas simples están formadas por una sola chapa perfilada (normalmente grecada) metálica. Éstas no cumplen con la normativa de aislamiento térmico, por lo que no son se utilizan sin añadir un aislamiento.

Las cubiertas inclinadas metálicas de tipo sándwich están constituidas por dos hojas de chapa perfilada o grecada, entre las cuales se sitúa un aislamiento constituido normalmente por espuma de poliuretano.

En la figura 7.14, se observa un edificio con cubierta metálica inclinada.

Fig. 7.14 Cubierta metálica inclinada

7.4.2 La fachada

La fachada es el cerramiento vertical que limita y cierra el edificio lateralmente.

Las funciones de la fachada son:

a) Proteger de las inclemencias climáticas.
b) Proporcionar el ambiente interior deseado mediante la colocación de los mecanismos térmicos adecuados.
c) Aislar acústicamente.
d) Proporcionar seguridad ante el fuego.
e) Proporcionar estética a la edificación.

En función del material, las fachadas pueden clasificarse en ligeras y pesadas.

Las *fachadas ligeras* son las que precisan de una estructura auxiliar que las sustente. Pueden quedar encajadas entre forjados de dos pisos y entre pilares (paneles), o estar suspendidas inmediatamente delante del plano en el que están alineados los forjados y los pilares.

Las *fachadas pesadas* son las formadas a base de elementos autoportantes, ya sean materiales de obra de fábrica o paneles prefabricados. Ellas mismas soportan su propio peso y han de sujetarse (no sustentar) en la estructura para que no se puedan caer.

En función de los materiales utilizados para su construcción, éstas también se pueden clasificar en obra de fábrica, hormigón, metálicas o acristaladas.

Las *fachadas de obra de fábrica* pueden ser de bloques cerámicos, bloques de hormigón o mampostería (piedra natural). En cualquiera de los casos, estas fachadas no tienen uso estructural. Su ejecución en obra se basa en piezas individuales unidas mediante morteros. Poseen unas buenas características de resistencia a la compresión, pero no a la flexión ni a la tracción. Actualmente, se emplean muy poco para construir estructuras resistentes y únicamente se utilizan de manera extensiva para la formación de muros de simple cerramiento.

En la figura 7.15, se observa la construcción de los cerramientos de una nave industrial con bloques de hormigón.

Fig. 7.15 Paredes de bloque de hormigón

Las *fachadas de hormigón* son aquellas que utilizan como material base el hormigón armado. Existen las fachadas de hormigón *in situ* y las prefabricadas.

Las fachadas de hormigón *in situ* se construyen utilizando un encofrado a dos caras, situado en el lugar donde irá la pared de cerramiento, y constan de un armado interior y un posterior vertido del hormigón.

Las fachadas de hormigón prefabricado están formadas a partir de placas prefabricadas de hormigón a medida. Estas placas se conforman en fábrica, de modo que su producción es industrializada.

Las ventajas de los cerramientos prefabricados son:

- Permiten gran variedad de acabados superficiales.
- Una vez la pieza está preparada y puesta en obra, su mantenimiento futuro es muy escaso.
- Presentan una gran resistencia a la intemperie.
- Permiten un ahorro de tiempo de ejecución muy importante, siempre y cuando se prevean dentro de un programa de obra.
- Es un sistema económico a largo plazo aunque los costes iniciales sean mayores.

Los inconvenientes son:

- Se necesita una programación previa, debido a las dimensiones de los elementos prefabricados (transporte y accesos).
- Se debe prever un edificio que permita la modulación.
- Se necesita mano de obra especializada.
- El coste inicial es mayor (piezas, transporte, ejecución, etc.).

Algunos ejemplos de placas planas de hormigón prefabricado se pueden observar en la figura 7.16.

Fig. 7.16 Fachadas de paneles planos de hormigón prefabricado

Las *fachadas metálicas* están formadas por paneles de chapa metálica, normalmente grecada, unidos entre sí. Estos paneles se fijan a la estructura del edificio mediante un entramado metálico (estructura auxiliar). Las fachadas metálicas pueden ser de chapa simple o de tipo sándwich.

Las fachadas de chapa simple están formadas por paneles constituidos por una sola chapa grecada, colocada directamente sobre una fachada interior del edificio y fijada a ella mecánicamente, solamente como acabado, dado que la chapa simple no proporciona aislamiento.

Las fachadas de tipo sándwich están formadas por una chapa interior, aislamiento y una chapa exterior. El panel de tipo sándwich se puede construir en la misma obra (*in situ*) o bien montarse prefabricado. Estos paneles representan un ahorro en el tiempo total de colocación e incorporan el aislamiento térmico sin necesidad de añadir ningún otro elemento.

En la figura 7.17, se puede apreciar el aspecto externo de una fachada realizada mediante panel metálico de tipo sándwich.

Fig. 7.17 Edificio con fachada de panel de tipo sándwich

Las *fachadas acristaladas* están formadas por cristal. Éstas pueden ser tradicionales o muros cortina. En las fachadas acristaladas tradicionales, el cristal queda sobre el plano perimetral de la estructura pues se realizan mediante carpintería entre cantos de forjado.

Los muros cortina están formados por un entramado metálico (normalmente de aluminio) que permite alcanzar grandes alturas y sobre el cual se colocan las piezas de cristal. Éstos se montan por fuera del edificio. Normalmente, los muros cortina no se utilizan en fachadas de edificios destinados a zona de producción, pero sí es bastante habitual utilizarlos para zonas de oficinas.

Fig. 7.18 Edificio con fachada acristalada

7.5 Otros elementos del edificio industrial

7.5.1 Soleras

Las *soleras* son los pisos planos de mortero u hormigón, dispuestos para recibir un material de pavimentación. Son las encargadas de proporcionar una superficie plana con suficiente resistencia para soportar las características impuestas por las personas, la maquinaría y/o el mobiliario. Además, las soleras evitan la entrada de humedad en el edificio y las pérdidas caloríficas hacia el terreno.

Se colocan en el suelo de la planta baja, encima del terreno, que previamente se habrá acondicionado (compactado, etc.). Encima de ellas, se dispone el pavimento elegido.

Se pueden distinguir dos tipos de soleras: las pesadas y las ligeras.

Las *soleras pesadas* habitualmente se utilizan para grandes superficies y para soportar cargas medias y altas. Se realizan con hormigón mínimamente armado y se moldean *in situ*. Se utilizan para almacenes, garajes y edificios industriales. Por lo general, estas soleras se moldean con franjas de 4-5 metros de anchura que recorren el edificio a lo largo. Es necesario disponer juntas transversales para controlar las dilataciones térmicas y las retracciones de la solera.

Las *soleras ligeras* se utilizan normalmente para cargas pequeñas y tránsito peatonal o similar. Están formadas generalmente por un lecho de grava, una membrana impermeable y una capa de hormigón. En las soleras ligeras el grosor de hormigón es menor que en las pesadas; por este motivo, su peso es inferior.

7.5.2 Pavimentos

El *pavimento* es el revestimiento de una superficie pisable por medio de un material especialmente proyectado para realizar dicha función.

Los pavimentos generalmente se aplican sobre una base estructural (forjado), aunque también pueden formar parte de la estructura del suelo (encima de una solera). La mayor parte de los pavimentos han de cumplir una serie de funciones específicas, como:

- Aspecto. Se escogen principalmente por su atractivo o efecto estético, aunque deben reunir unas propiedades razonables de resistencia al desgaste. Por ejemplo: moquetas, parqué de madera, etc.

- Resistencia. Se escogen por sus especiales propiedades de resistencia al desgaste y al impacto y para zonas de uso intenso. Por ejemplo: baldosas de gres y pavimentos graníticos.

- Higiene. Se escogen cuando se desea una superficie impermeable, de fácil limpieza y con un atractivo estético razonable. Por ejemplo: baldosas de gres, láminas y baldosas de base plástica.

Los pavimentos pueden ser continuos o discontinuos.

El *pavimento continuo* es aquel cuya superficie acabada no tiene juntas o, en todo caso, son muy pocas y escasamente perceptibles. Se incluyen chapados de todo tipo, moquetas y materiales plásticos, además de terrazos *in situ*.

El *pavimento discontinuo* es aquel que está integrado por una sucesión de piezas cuyas uniones entre sí constituyen las juntas visibles. Por ejemplo: baldosas de gres, terrazo, etc.

7.5.3 Falsos techos

Son los elementos constructivos que se sitúan en la cara inferior de un forjado o cubierta y sirven para dar un acabado más noble, ocultar el paso de instalaciones, reducir la altura de una estancia y/o mejorar su aislamiento térmico y acústico.

En la zona de producción, no se acostumbran a utilizar falsos techos, pero en otros espacios auxiliares, tales como los servicios administrativos, comedores, etc., es habitual el uso de este elemento.

En función de su aspecto final, los falsos techos pueden ser continuos y discontinuos y, en función del tipo de sustentación, pueden ser con estructura (vista u oculta) o sin estructura.

Los *falsos techos discontinuos* se consiguen a partir de la yuxtaposición de placas, que mejoran la registrabilidad y son de fácil montaje y desmontaje. Están formados por placas, un esqueleto donde reposan las placas, los elementos de sujeción del esqueleto al forjado o cubierta y los elementos de conexión entre la sujeción del esqueleto y el propio esqueleto. Los materiales de las placas pueden ser fibras minerales, metálicas, escayola, etc.

Los *falsos techos continuos* no presentan discontinuidad y no son habituales en los edificios industriales porque no ofrecen registrabilidad. Los más comunes son los de escayola y los de placas de yeso.

7.5.4 Particiones interiores

Las particiones interiores son el conjunto de elementos pensados para constituir y distribuir el espacio interior de un edificio y separando aquellos espacios donde se realizan actividades diferentes. Para ello, dichas particiones han de presentar características tales como aislamiento térmico, acústico, contra el fuego, etc.

La distribución en planta del edificio industrial juega un papel muy importante en el momento de plantear los cerramientos interiores. Pero, al tratar un edificio industrial con posibles necesidades cambiantes, la vida útil de las particiones interiores puede ser variable, con el fin de adaptarse a las necesidades de espacio del momento.

Las funciones de los cerramientos interiores son, pues:

a) Separar actividades diferentes dentro de un espacio común.
b) Separar locales adyacentes de propietarios diferentes dentro de un mismo edificio.

c)   Adaptar el espacio a las necesidades del proceso.

d)   Actuar como soporte de instalaciones.

e)   Aislar espacios térmicamente, acústicamente, contra el fuego, etc.

En general, las particiones interiores se pueden clasificar en fijas y móviles. En función del tipo de material que se utilicen, pueden ser opacas o transparentes y, en función del proceso de construcción, pueden ser prefabricadas o elaboradas *in situ.*

Las *particiones fijas* son las más utilizadas tradicionalmente y están formadas por tabiques. Estos pueden ser con bloque cerámico o de hormigón, unidos con mortero y con un revestimiento final. En general, sus características mecánicas y de resistencia al fuego son buenas, aunque el proceso de construcción es lento y requiere gran diversidad de materiales. Dentro de los cerramientos fijos, se encuentran los tabiques prefabricados, formados por placas de cartón-yeso y otros materiales (básicamente aislantes) que se cortan a medida en función de las necesidades y se fijan a una estructura metálica realizada a priori, con lo que el rendimiento aumenta.

Las *particiones móviles* acostumbran a estar constituidas por elementos prefabricados montados sobre un chasis metálico y que resulta fácil de mover y desmontar (mamparas). Básicamente, se usan como separador de oficinas o elementos similares, debido a los cambios en las actividades que se realizan y la posibilidad de modificar la distribución que ofrecen los cerramientos móviles. Existen también los cerramientos móviles guiados, que permiten la división de un espacio de forma temporal y su posterior almacenaje en el lugar proyectado, para así dejar una sala diáfana. Suelen estar formados por paneles que se desplazan sobre guías situadas en el techo.

7.5.5 Revestimientos interiores

Los *revestimientos* son aquellos elementos superficiales que se aplican sobre los elementos constructivos para dar un aspecto estético y mejorar sus características. Los revestimientos interiores se disponen sobre paramentos del edificio tales como paredes, muros, etc.

Los revestimientos interiores pueden ser continuos o discontinuos.

Los *revestimientos continuos* son los que se realizan *in situ* y no presentan discontinuidades. Generalmente, se han de aplicar sobre un paramento limpio y sobre una superficie que permita una buena adherencia. Estos revestimientos pueden ser aislantes térmicos, acústicos, impermeabilizantes, absorbentes de humedad o, simplemente, elementos decorativos. Algunos ejemplos de revestimientos continuos son: mortero, yeso, pinturas y barnices, etc.

Dentro de los *revestimientos discontinuos*, los más usados son los alicatados, que consisten en el recubrimiento del paramento mediante la yuxtaposición de elementos cerámicos u otros materiales adheridos al paramento con algún tipo de adhesivo (mortero, cemento-cola, etc.). Este tipo de revestimiento se utiliza básicamente en zonas que deban adaptarse a requerimientos higiénicos.

8 Las instalaciones en los edificios industriales

8.1 Introducción

Para un funcionamiento correcto de cualquier complejo industrial es imprescindible disponer de las instalaciones necesarias no sólo para llevar a cabo el proceso industrial sino también para el funcionamiento de todo el edificio y sus elementos auxiliares.

Las instalaciones del edificio son el conjunto de redes y equipos fijos del edificio que le ayudan a cumplir las funciones para las que ha sido diseñado.

Las instalaciones distribuyen al edificio, y evacuan de éste, materia, energía o información, por lo que pueden servir tanto para el suministro y la distribución de agua o electricidad como para la distribución de aire comprimido, oxígeno, etc., o formar una red telefónica o informática.

Podemos distinguir las instalaciones en:
- Instalación de agua fría
- Instalación de agua caliente
- Instalaciones de evacuación y saneamiento
- Instalación de aire comprimido
- Instalación de vapor
- Instalaciones eléctricas
- Instalaciones de ventilación
- Instalaciones de climatización

Desde la fase inicial del proyecto, se debe tener en cuenta que existe una estrecha relación entre la construcción y las instalaciones indispensables para el buen funcionamiento del edificio y del proceso industrial. Aparte de la integración con el edificio, es necesario compactar las redes de instalaciones para mejorar su funcionamiento y mantenimiento, utilizando espacios comunes.

En las instalaciones de agua fría, agua caliente, evacuación, saneamiento y climatización, las descripciones y funciones pueden ser asimilables a las de otros edificios, y extrapolar a edificios de viviendas. Mientras que las instalaciones de aire comprimido, protección contra incendios, vapor, ventilación y eléctrica son muy particulares de los edificios industriales. Unas, como las de aire comprimido o vapor, porque generalmente sólo se realizan en edificios industriales. Otras, como la instalación contra incendios, porque las exigencias en edificios industriales son más restrictivas que en otros espacios por poder tener almacenados productos fácilmente inflamables. Finalmente, instalaciones como la de ventilación y la eléctrica, aun pudiéndose asimilar a otra clase de edificios, en las industrias tienen particularidades, como por ejemplo un gran consumo eléctrico debido a las máquinas del proceso, lo cual obliga a tratar este tipo de instalaciones de un modo más particular.

8.2 Instalaciones de agua fría

El agua es esencial en la mayoría de edificios industriales, en procesos de producción, para usos sanitarios, para elementos contra incendios, etc., y hay que garantizar el caudal, la presión, la temperatura y la calidad del agua que se distribuye.

8.2.1 Tipo de consumos

Para el cálculo de la red de distribución, es necesario estimar los consumos de agua del edifico. En el caso de un edificio industrial, es preciso distinguir entre los tipos de consumo siguientes:

a) *Consumo específico industrial.* Comprende las necesidades de agua propias de los procesos productivos. Este consumo nos lo dan las especificaciones básicas de las máquinas que forman parte del proceso industrial y el coeficiente de simultaneidad de éstas.

b) *Consumo sanitario.* Básicamente está formado por los lavabos, inodoros, urinarios, duchas, etc. que forman parte de los servicios auxiliares al proceso productivo. En función de los elementos que se pretende instalar, se debe estimar su consumo individual y su coeficiente de simultaneidad, pues no se van a utilizar todos los lavabos en el mismo momento, pero es probable que en el cambio de turno se utilicen todas las duchas, lo cual deberá tenerse en cuenta en el momento de prever el consumo sanitario total.

c) *Consumo de riego.* Dentro de este tipo de consumo, se encuentra el riego exterior de vegetación.

d) *Consumo contra incendios.* Está formado por el agua necesaria para las mangueras y los rociadores, y normalmente su acometida ha de ser independiente a la del resto del edificio. Algunas veces, esta instalación puede requerir la existencia de un depósito de acumulación de agua.

8.2.2 Acometida. Producción

El caso más común es la conexión a la red pública. Los elementos que forman parte de la acometida son:

- Llave de toma: para actuar en caso de avería.
- Llave de registro: accesible por los empleados municipales de aguas desde la calle y colocada en una arqueta.
- Llave de paso: accesible por la propiedad y colocada en una arqueta dentro del edificio.

- Filtro: para filtrar las posibles impurezas del agua.
- Contador: para medir el consumo de agua realizado por el abonado.
- Válvula de retención: para evitar retornos de agua.
- Llave de vaciado y después la llave que cierra lo que se puede denominar el entorno del contador.

En función de la conexión, el tipo de acometida puede ser:

- Directa
- A través de un depósito

El hecho de disponer de un depósito de acumulación permite diseñar la acometida para un caudal más reducido, pues se aprovechan las horas nocturnas para llenar el depósito para el día siguiente. Si no hay depósito, la acometida deberá diseñarse para suministrar el caudal punta simultáneo en el edificio. Los depósitos de acumulación de agua fría permiten garantizar una reserva de la misma. Para distribuir el agua por la planta, se precisa un grupo de presión o conjunto de bombas que aspiren del depósito e impulsen el agua a la red de distribución. Se debe, pues, tener en cuenta el espacio que estos elementos ocupan y dejar una previsión para ellos, al igual que para el contador.

En el caso de instalaciones contra incendios, es conveniente -y en algunos municipios es obligatorio- independizar ambas redes de suministro de agua. Aunque la acometida sea común, la acumulación de agua y la distribución al consumo han de realizarse independientemente para evitar contaminación de una red a otra y para aumentar la garantía de suministro de la red contra incendios.

8.2.3 Red de distribución

El agua acumulada y tratada es distribuida hacia los diferentes puntos de consumo a través de las tuberías de distribución.

La distribución se puede realizar:

- En estrella, es decir, por zonas, de modo que puedan realizarse cortes parciales de la misma en caso de averías o mantenimiento.
- En anillo, con una tubería de igual diámetro, de modo que se pueda llegar a un punto de consumo desde dos caminos y se puedan ir añadiendo nuevos puntos de consumo fácilmente.

Las tuberías pueden instalarse:

- Vistas. Deberán aislarse para evitar que se produzcan condensaciones en su superficie.
- Empotradas. Se pueden instalar sin aislamiento térmico, pero han de protegerse bajo un tubo de PVC corrugado que permita la dilatación de la tubería de agua.

En la figura 8.1, se muestra un esquema de red de distribución de agua fría. En la leyenda, puede observarse la simbología de los distintos elementos.

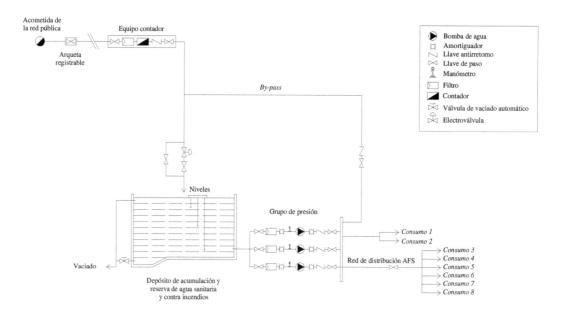

Fig. 8.1 Esquema de la red de distribución de agua fría

8.2.4 Materiales

Pueden utilizarse diferentes tipos de materiales:

- Acero galvanizado. En ejecución vista y para diámetros importantes por su gran resistencia mecánica. Debe ir galvanizado interior y exteriormente. Las uniones son roscadas. Es incompatible con aguas duras y le atacan los yesos, las cales y los cloruros con lo cual se debe tener especial precaución con los empotrados.
- Acero inoxidable. Se utiliza en instalación vista y para alimentar elementos terminales o aseos.
- Cobre. Se utiliza en instalación vista y para alimentar elementos terminales o aseos. No es tan resistente como el acero inoxidable pero es más barato. Sus uniones son a soldadura. Le afectan las aguas amoniacales y sulfurosas. En contacto con otros metales, puede formar pila galvánica con su consiguiente corrosión. Le ataca el yeso, con lo cual no es aconsejable empotrar la instalación.
- Tuberías plásticas (polietileno, polipropileno). Para distribución de agua enterrada, puesto que tiene una mínima flexibilidad que facilita su tendido y no sufre fenómenos de corrosión. Se utilizan en instalaciones empotradas y no en instalaciones vistas, pues no tienen resistencia mecánica para soportarse directamente (se deben instalar en bandejas). Sus uniones son a presión o fundidas. Aguantan hasta determinadas temperaturas del agua.

Para evitar el par galvánico que se puede producir en la corrosión:

- En tuberías, se colocan manguitos plásticos intermedios.
- En depósitos de agua caliente, se colocan barras de Zn para que éstas se oxiden y actúen como ánodo de sacrificio; tan sólo habrán de renovarlas cada cierto tiempo.

8.2.5 Tratamiento de aguas

El agua que se distribuye ha de garantizar unos requisitos de calidad para los diferentes usos. Los tratamientos más comunes son:

a) Cloración. Sistema para mantener la potabilidad de aguas de red. Si el agua potable se almacena en un depósito, el agua va perdiendo el cloro que está disuelto por evaporación a la atmósfera, por lo que se debe ir reponiendo. El sistema más común se basa en un circuito cerrado de bombeo desde el depósito de acumulación. El agua es analizada y, si es preciso adicionarle cloro, se inyecta con una bomba de inyección desde un depósito de cloro. El agua clorada es reinyectada en el depósito de acumulación.

b) Descalcificación. El agua contiene productos minerales disueltos que pueden precipitar en forma sólida si se someten a temperaturas elevadas. Estos precipitados se adhieren y acaban obstruyendo diferentes conducciones y elementos. Si el agua es bastante "dura" (alto contenido en minerales), estos precipitados pueden ser importantes y se debe proceder a la descalcificación o desmineralización del agua que vaya a pasar a un sistema de agua caliente o vapor. No se trata pues todo el agua, sino sólo la que es necesaria.

c) Desmineralización. En procesos industriales más comprometidos, en los que se deba obtener agua completamente desmineralizada, se la hace pasar por una serie de resinas sintéticas catiónicas y aniónicas, donde se produce el intercambio, de modo que el agua quede desmineralizada.

8.3 Instalación de agua caliente sanitaria

Se entiende por agua caliente sanitaria (ACS) la empleada en aparatos sanitarios para uso humano. Aunque se puede (y es recomendable) generar y acumular a mayor temperatura, debe distribuirse en los puntos de consumo a un máximo de 40 °C para evitar posibles quemaduras.

8.3.1 Producción

La producción de ACS se puede plantear de modo centralizado semiinstantáneo, centralizado por acumulación o individual:

a) Producción centralizada semiinstantánea. Cuando los consumos son importantes pero las puntas están menos distanciadas. Se basa en la acumulación de una cantidad de agua caliente, para absorber los momentos iniciales de una punta de consumo, que produce simultáneamente e instantáneamente un caudal de agua caliente mediante quemadores de gas.

b) Producción centralizada por acumulación. Cuando los consumos de agua caliente son importantes. Permite reducir la potencia térmica del generador.

c) Producción individual. Cuando los consumos son poco importantes o están muy dispersos. Se utilizan en el propio punto de consumo (como pueden ser los termos eléctricos).

Actualmente, además, la tendencia es utilizar algún sistema de placas solares para el calentamiento de agua, acompañado de algún sistema clásico. Con esta tipología, se consiguen importantes ahorros energéticos y, por ello, son soluciones ya previstas habitualmente por la normativa.

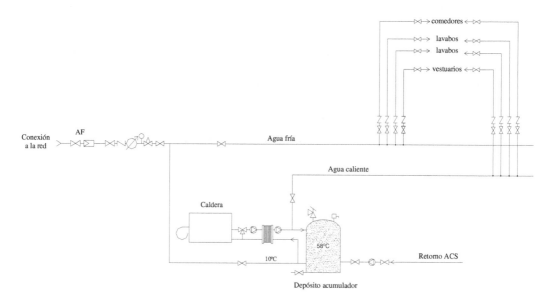

Fig. 8.2 Esquema de la red de distribución de agua caliente

8.3.2 Sala de calderas

Para producir calor normalmente se utilizan calderas. Éstas están constituidas por un recipiente cerrado, en el que un fluido (normalmente agua) es calentado indirectamente por una llama o una resistencia eléctrica. Según el combustible o la fuente primaria de energía, distinguimos: calderas con combustible sólido, con combustible líquido (gasoil), a gas (gas natural o propano) o eléctricas.

La normativa referente a las instalaciones térmicas en los edificios determina, en función de la potencia útil nominal de la caldera, si es necesario un espacio separado para ubicarla, llamado *sala de calderas*.

Como ejemplo, según el Reglamento de instalaciones térmicas en los edificios (RITE), las calderas con potencia nominal superior a 70kW deben situarse en un local independiente, en donde sólo podrán instalarse las máquinas y los aparatos correspondientes a sus servicios.

Estos locales han de:

- Cumplir las dimensiones establecidas para que todas las operaciones de mantenimiento y conservación puedan efectuarse en condiciones de seguridad.
- Estar separados de otros locales y vías públicas por distancias y muros determinados.
- Disponer de salidas de fácil acceso.

- Estar perfectamente iluminados y ventilados, con llegada continua de aire tanto para su renovación como para la combustión.

Además, la normativa referente a la seguridad en caso de incendio define las características estructurales, de resistencia al fuego de los elementos separadores, la necesidad de vestíbulo previo y los recorridos de evacuación de los locales destinados a albergar instalaciones tales como transformadores, maquinaria de aparatos elevadores, calderas, depósitos de combustibles, contadores de gas o electricidad, etc. Como ejemplo, el Código técnico de la edificación (CTE-DB-SI) clasifica las salas de calderas en distintos riesgos en función de la potencia nominal. En función del riesgo, las características estructurales, instalaciones, etc. son más estrictas.

Tabla 8.1 Clasificación de las salas de calderas en función de su potencia (según el CTE-DB-SI)

Riesgo bajo	*Riesgo medio*	*Riesgo alto*
70<P≤200 kW	200<P≤600 kW	P>600 kW

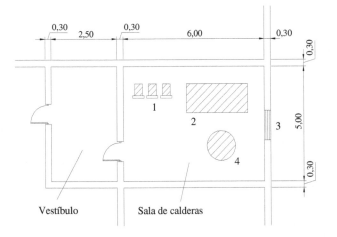

1. Equipo de bombeo
2. Caldera
3. Reja de ventilación
4. Depósito

Fig. 8.3 Ejemplo de una sala de calderas con vestíbulo previo

8.3.3 Red de distribución. Materiales

En los sistemas de acumulación y semiinstantáneos, existirá una red de distribución de ACS desde los acumuladores a los puntos de consumo.

En redes de cierta longitud, es importante instalar una tubería de recirculación de ACS con una bomba de recirculación.

Los materiales utilizados son los mismos que para las tuberías de agua fría. En este caso, las tuberías se deben aislar térmicamente para evitar pérdidas caloríficas.

Además, cualquier instalación de agua caliente debe cumplir con las condiciones higiénico-sanitarias para la prevención y el control de la legionela. Algunas de las características para cumplir estas condiciones son:

- La red de agua ha de ser estanca y estar convenientemente aislada.
- Se debe disponer de válvulas de retención para evitar retornos de agua por pérdida de presión o disminución del caudal suministrado.
- La temperatura del agua ha de ser superior a 50ºC en el punto más alejado.
- Los materiales en contacto con el agua han de ser capaces de resistir la acción de la temperatura de los desinfectantes.
- Se debe disponer de suficientes puntos de purga para poder vaciar completamente la instalación.

8.4 Instalaciones de evacuación y saneamiento

El sistema de saneamiento de una zona (calle, polígono, etc.) tiene la función de recoger y transportar las aguas residuales (pluviales, fecales e industriales) hasta un destino final, que puede ser un sistema de saneamiento ya existente, una estación depuradora, etc.

8.4.1 Tipos de aguas residuales

Para el cálculo de las instalaciones de evacuación, se distinguen los siguientes tipos de aguas residuales:

- Aguas pluviales. Son las aguas que provienen de la lluvia y son recogidas por las zonas no permeables de las edificaciones y de los viales. El dimensionado de las instalaciones de aguas pluviales se basa en la pluviometría de la zona y en la superficie de cubierta que debe recoger cada bajante.
- Aguas fecales. Son las procedentes de usos sanitarios y domésticos. La red de aguas fecales se dimensiona a partir del número de elementos que están evacuando (lavabos, inodoros, etc.)
- Aguas industriales. Son las procedentes de los procesos industriales. Éstas pueden llevar productos químicos que no pueden ser arrojados directamente a la red pública o a una estación depuradora.

8.4.2 Red de aguas residuales

Las redes de aguas residuales constan de:

- Derivación: desde el punto de recogida del agua hasta el bajante más próximo.
- Bajante: tuberías verticales, que van recogiendo derivaciones y llevan el agua hasta la parte baja del edificio.
- Colectores: tuberías principales a nivel bajo del edificio, que recogen horizontalmente diferentes bajantes para conducir el agua al exterior del edificio.

- Arquetas: pozos de pequeña dimensión, enterrados en el nivel inferior del edificio, donde se produce el encuentro entre los bajantes y los colectores o donde se agrupan varios colectores o donde se realizan cambios bruscos de dirección de colectores.

La red de aguas residuales industriales se puede dimensionar en función del tipo de industria (alimentaria, textil, productos químicos, etc.).

La red de aguas residuales pluviales puede ser la misma que la red de aguas fecales (sistema unitario) o puede estar separada (tipo separativo), de manera que sean necesarias dos redes casi paralelas pero que facilitan mucho el trabajo en el momento de depurar el agua (Fig. 8.4).

Las redes de evacuación de aguas fecales (y las mixtas) necesitan tuberías auxiliares de ventilación que eviten el desifonaje de los aparatos sanitarios.

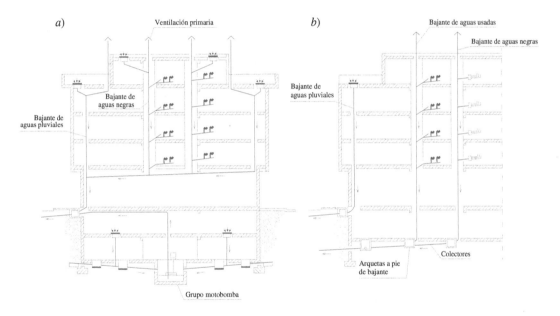

Fig. 8.4 Sistema de saneamiento: a) unitario; b) separativo

8.4.3 Materiales

Para las conexiones individuales y derivaciones, normalmente se emplea PVC.

Para los bajantes, se pueden utilizar las tuberías de fundición y las de PVC. Las de fundición son mucho más resistentes y pueden emplearse en instalaciones vistas y donde sea precisa una resistencia mecánica elevada. Las de PVC son mucho más económicas pero también más frágiles.

Para las redes enterradas, se emplean tubos de PVC, de fibrocemento y de hormigón.

8.4.4 Pozos de bombeo

En el caso de que la cota de la última planta sea inferior a la cota de la red de saneamiento (por ejemplo, aparcamientos subterráneos), se debe recorrer a una instalación de elevación mediante un grupo de bombeo (Fig. 8.4), que eleve la altura de las aguas residuales hasta el nivel de la red pública. La red de saneamiento debe sectorizarse, de modo que se evacue por gravedad todo lo que sea posible y el pozo sólo recoja aquellas aguas que no sea posible evacuar por gravedad.

Los pozos están construidos con hormigón armado, sin grietas e impermeabilizados totalmente en su interior. En el fondo del pozo, se colocan dos bombas (una de reserva) en paralelo, de igual potencia y caudal, sumergibles y extraíbles. Las dimensiones del pozo dependen del caudal a evacuar.

8.4.5 Estaciones depuradoras

Las estaciones depuradoras tienen la misión de mejorar la calidad del agua residual, filtrando la materia inorgánica y reduciendo la materia orgánica. El agua depurada correctamente puede verterse directamente a ríos o al mar, o emplearse en otros usos y reciclarse.

En el tratamiento de aguas residuales, los procesos de retención de productos contaminantes que no se pueden verter directamente a la red son muy específicos, pero los más comunes son:

- Separador de grasas. Empleado normalmente en cocinas, talleres, etc.
- Separador de hidrocarburos. Utilizado en garajes, gasolineras, etc.
- Sifón para reactivos. Para retener ácidos o reactivos muy agresivos.
- Decantadores. Para separar sólidos más pesados que el agua.

Es muy importante considerar el mantenimiento de estos equipos, pues todos ellos precisan de una limpieza periódica para retirar los compuestos retenidos.

Normalmente, no es necesario instalar una propia estación depuradora, pues existen redes públicas de saneamiento que conectan con depuradoras municipales. Pero si el edificio está aislado y debe verter el agua a ríos o rieras, puede ser obligado instalar una estación depuradora antes de verter el agua residual.

Una estación depuradora comprende varias etapas de tratamiento colocadas en serie. En general, la depuración de las aguas residuales consta de las operaciones siguientes:

- Llegada del efluente. Es el canal de llegada y recogida de las aguas residuales a la estación depuradora.

- Pretratamiento. Consiste en una sucesión de etapas físicas y mecánicas destinadas a separar las aguas de las materias voluminosas en suspensión; después de esta fase, sólo permanecen las partículas con un diámetro inferior a 200 mm. También tiene lugar la separación de grasas.

- Decantación primaria. Puede ser por decantación simple o bien por tratamiento fisicoquímico. Afecta a las partículas de diámetro superior a 100 mm. Las materias decantadas obtenidas por separación del efluente constituyen los lodos primarios.

- Tratamiento biológico. Consiste básicamente en una degradación de los compuestos orgánicos presentes en el efluente por microorganismos que se alimentan de la contaminación orgánica disuelta.

- Decantación secundaria. Una nueva etapa de decantación permite la separación de los lodos secundarios formados antes de obtener el agua depurada (filtrada y posteriormente desinfectada).

- Tratamiento de lodos. Su objetivo es reducir la masa orgánica y el volumen de los lodos primarios y secundarios recogidos tras las dos etapas de decantación.

8.5 Instalaciones de aire comprimido

El aire comprimido como energía de operación de máquinas y motores tiene aplicación en aquellas situaciones en las que una instalación eléctrica pudiera ser peligrosa (por ejemplo, en atmósferas explosivas).

8.5.1 Tipos de consumo

En la industria, se utiliza aire comprimido en diferentes aplicaciones:

- Transporte neumático de material
- Operación de grúas y elevadores
- Limpieza de equipos
- Control neumático de instalaciones
- Aireación y agitación de compuestos
- Rociado de pintura
- Operación de taladros y perforadores

8.5.2 Acometida. Producción

Cuando la planta de producción de aire comprimido tiene cierta importancia, es necesario instalarla en una sala específica o incluso en un edificio aparte.

Normalmente, se instala más de un compresor y trabajan en paralelo, de modo que, si hay una avería en uno de ellos, se pueda suministrar al menos parte del aire necesario.

En la figura 8.5, se observa un ejemplo de la distribución de los elementos de una sala de compresores.

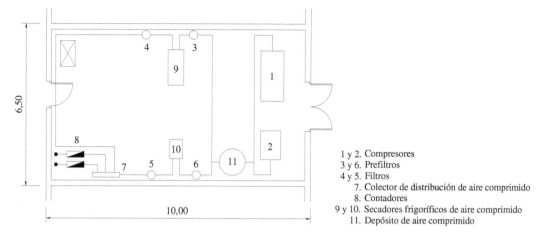

1 y 2. Compresores
3 y 6. Prefiltros
4 y 5. Filtros
7. Colector de distribución de aire comprimido
8. Contadores
9 y 10. Secadores frigoríficos de aire comprimido
11. Depósito de aire comprimido

Fig. 8.5 Ejemplo de una sala de compresores

8.5.3 Red de distribución. Materiales

El objetivo de la red de distribución es transportar el aire comprimido desde el depósito de acumulación hasta el punto de consumo, con una pérdida de carga limitada, un alto grado de separación de condensados en todo el sistema y una cantidad mínima de fugas.

Una instalación estándar empieza en un colector de distribución con válvulas de seccionamiento, desde donde parten las líneas principales de las que cuelgan las líneas o mangueras secundarias hasta las herramientas o equipos que se alimentan. El aire que se distribuye por las tuberías se va enfriando y aparecen nuevas condensaciones. Por este motivo, la tubería se instala con una pendiente en el sentido del paso del aire, y se instalan puntos de drenaje en las partes bajas.

Las tuberías de distribución se realizan normalmente con acero negro. Estas deben pintarse para protegerlas contra la corrosión, y normalmente no son aisladas.

Las salas de compresores tienen el mismo tratamiento que las salas de calderas, en cuanto a las características constructivas y de protección contra incendios.

8.6 Instalaciones de vapor

El vapor de agua tiene algunas ventajas evidentes respecto a otros fluidos portadores de calor:

- Es capaz de ceder la mayor parte de su contenido energético a una temperatura constante y bien definida, que es su temperatura de condensación.
- Se obtiene a partir del agua, que es abundante, barata e inocua.
- Por unidad de masa, el vapor de agua cede una cantidad de calor mucho mayor que la que puede ceder cualquier otro fluido.

- El vapor se puede utilizar tanto como fluido calefactor como para producir energía mecánica, expandiéndolo a través de turbinas.

8.6.1 Acometida. Producción

Las calderas de producción de vapor queman combustibles líquidos (fueloil) o gaseosos (propano o gas natural).

La caldera ha de incorporar un sistema de regulación automático que controle sus funciones normales, regulando las válvulas de combustible y de aire de combustión en función de la demanda de vapor.

En la figura 8.6, se observa un ejemplo de la distribución de los elementos de una sala de instalaciones para la producción de vapor.

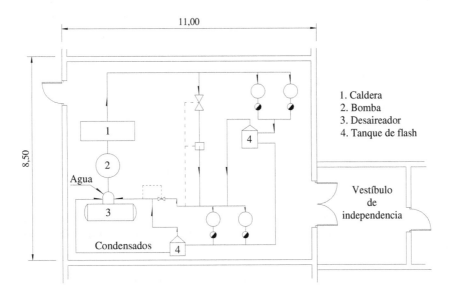

1. Caldera
2. Bomba
3. Desaireador
4. Tanque de flash

Fig. 8.6 Esquema de una sala de instalaciones para la producción de vapor

8.6.2 Red de distribución. Materiales

El diseño de la red, depende de la situación y el consumo de los puntos a alimentar.
Una de las ventajas de las redes de vapor respecto a las redes de líquido es que el vapor se mueve por la propia presión que tiene y, no precisa equipos de bombeo.
Las tuberías de vapor tienen una pendiente no inferior al 4%, descendente en el sentido de la circulación del vapor para facilitar la circulación y evacuación del condensado.

En la tubería de vapor, se producen condensados debido a las pérdidas por radiación y convección. Estos condensados pueden dañar los equipos terminales y disminuyen el rendimiento de la instalación, por lo que hay que eliminarlos a medida que se van produciendo. Para ello, se instalan purgadores de condensados en las líneas de distribución.

Normalmente, se emplean tuberías de acero negro, excepto en aquellas aplicaciones en que el vapor se emplee de forma directa y no sea admisible el posible arrastre de partículas de la tubería, en cuyo caso se empleará el acero galvanizado interior. Las tuberías van siempre convenientemente aisladas.

8.7 Instalación eléctrica

La instalación eléctrica en un edificio industrial alimenta, por un lado, todos los elementos de iluminación, enchufes, equipos informáticos, instalaciones de bombeo para la climatización, maquinaria de acondicionamiento de los locales y maquinaria específica del proceso industrial.

Debido a las altas potencias necesarias para llevar a cabo el proceso industrial, la instalación eléctrica de una industria se diferencia sustancialmente de la instalación eléctrica en otros edificios, tales como los de viviendas.

8.7.1 Acometida. Producción

Para la transmisión de energía eléctrica a grandes distancias y en grandes cantidades por parte de las compañías eléctricas, se utilizan tensiones muy elevadas que permiten utilizar cables de dimensiones más reducidas.

Normalmente, la distribución desde las centrales productoras de energía eléctrica hasta las subestaciones de zona se realizan en alta tensión (AT), por ejemplo, a 66.000 o 110.000 V. En estas subestaciones de zona se transforma de alta a media tensión (MT), a 20.000 o 24.000 V, que es como se distribuye a cada pueblo o usuario importante. Finalmente, las estaciones transformadoras (ET) transforman la tensión de la energía eléctrica de media tensión a baja tensión (BT), que es la de consumo normal (380 V).

Desde el punto de vista del usuario industrial, éste puede escoger si quiere que la compañía le suministre la energía a MT o BT. El Reglamento obliga a los usuarios a reservar un espacio para una ET en el punto de consumo si la potencia a contratar es superior a un cierto valor. El usuario puede escoger si desea contratar en BT o en MT, dependiendo de su consumo y las tarifas de la compañía.

Según su emplazamiento, existen:

- ET en el interior de los edificios. Estas se pueden instalar en edificios independientes o en edificios destinados a otros usos. Las ET instaladas en edificios independientes suelen alojarse en espacios abiertos, zonas rurales, urbanizaciones o polígonos industriales, y se pueden situar en superficie o subterráneas. Las ET instaladas en edificios destinados a otros usos pueden estar en la planta baja del edificio o en la primera planta subterránea. Las ET ubicadas en el interior de edificios han de quedar cerradas a las personas ajenas al servicio y no pueden alojar ni ser atravesadas por canalizaciones ajenas u otras instalaciones (agua, gas, vapor, telefonía, etc.). Los paramentos deben tener una resistencia al fuego determinada y han de disponer de una puerta destinada al paso de equipos de grandes dimensiones y una puerta destinada al acceso de personal. Estas puertas han de estar dotadas de rejillas de ventilación.

- ET de intemperie. Situadas encima de uno o dos soportes de la red de distribución.

Según la propiedad existen:

- ET de la compañía suministradora. La compañía eléctrica transforma la electricidad en BT y distribuye las líneas de alimentación a los usuarios que contratan en BT (talleres, pequeñas industrias, etc.). La inversión y el mantenimiento corresponden a la compañía suministradora.

- ET del abonado. El abonado contrata el suministro a MT y, por lo tanto, tiene que disponer de una estación para transformar la energía de MT a BT. La inversión y el mantenimiento de estos centros corresponden al propietario.

8.7.2 Red de distribución

Desde la ET, se deriva una línea hasta la caja general de Protección (CGP) situada en la fachada del edificio donde se alojan los elementos de protección (fusibles). A partir de esta se llega al cuadro general de baja tensión (CGBT), que aloja todos los elementos de protección y medida y distribuye la energía eléctrica hasta los diferentes cuadros secundarios, desde los que se alimentan los diferentes consumos eléctricos.

En el diseño de una red de baja tensión se debe tener como normas generales: la sectorización, la seguridad y la flexibilidad. Así pues, la instalación ha de estar sectorizada para que un error en un punto concreto no afecte a la totalidad de ésta; ha de ser segura y ha de ser flexible para permitir cambios fácilmente en su distribución en función de las necesidades de la empresa en el futuro.

La transmisión de la energía eléctrica desde la acometida eléctrica hasta los puntos de consumo se realiza con conductores eléctricos. Existen varias opciones:

- Embarrados. Son canalizaciones prefabricadas en tramos de poca longitud que se componen de una parte interior con tres secciones conductoras, más una para el neutro y otra para la línea de protección a tierra. Las cinco secciones están embutidas en material aislante y acabadas en una envolvente metálica que les da rigidez. Tienen apariencia de perfil metálico y las secciones se van atornillando entre sí, una a continuación de las otras.

  Sirven para transmitir gran cantidad de corriente eléctrica donde los cables poseerían un diámetro tan grande que no serían flexibles. Tienen una rigidez y una resistencia mecánica muy elevadas, pero su precio es también elevado.

- Por cables. Es el sistema más utilizado tanto para potencias moderadas como para salvar grandes distancias. Los cables vienen en carretes de mucha longitud, de manera que se puede evitar tener uniones en los mismos cables.

Para la distribución de potencias desde el cuadro general hasta los cuadros secundarios, se pueden plantear dos tipologías:

- En anillo. Se utiliza un embarrado que recorrerá el edificio alimentando los diferentes cuadros y que al final podrá volver hasta el cuadro general para cerrar el anillo. En este tipo, se consigue un cuadro principal mucho más sencillo y que ocupa menos espacio, ya que sólo tiene dos salidas. El anillo de distribución ocupa también menos espacio que el conjunto de cables equivalente. La ventaja más importante es la flexibilidad, ya que tiene muy bien resuelta la posibilidad de ampliar nuevas salidas o mover las existentes. El inconveniente es que si el embarrado tiene una avería, al ser una línea única, deja sin servicio todos los equipos que alimente.

- En estrella. Es el sistema más convencional. Se instala una línea diferente para cada cuadro secundario (ramificación de líneas) desde el cuadro principal, y la instalación final tiene una forma parecida a una estrella.

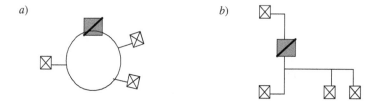

Fig. 8.7 Distribución de potencia de cuadro general a cuadro secundario:
a) tipología en anillo; b) tipología en estrella

Las canalizaciones eléctricas pueden ser:

- Bajo tubo (Fig. 8.8). Es el sistema más convencional para cables pequeños y en circuitos individuales, ya sea el tubo rígido o flexible, de plástico, PVC o acero galvanizado. Normalmente se utiliza tubo rígido en instalaciones vistas, por su protección mecánica. En instalaciones empotradas o escondidas en un falso techo, se recomienda el tubo flexible, por su facilidad de colocación.

Fig. 8.8 Tubos flexibles

- En canaletas (Fig. 8.9). Son canalizaciones con perfiles de sección prismática y con tapa, pero con facilidad de acceso para instalación y mantenimiento. Pueden ser de PVC o acero galvanizado y tiene mayor capacidad para alojar cables que los tubos.

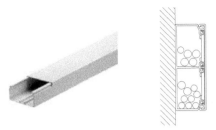

Fig. 8.9 Canaleta para cables

- Bandejas (Fig. 8.10). Son perfiles rígidos, abiertos o cerrados con tapa, de material plástico o metálico. Los cables no van libres en su interior sino que se grapan a la bandeja.

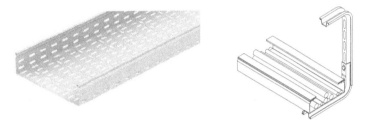

Fig. 8.10 Bandeja

8.7.3 Tipos de suministros

Una instalación eléctrica puede recibir alimentación eléctrica de una o diversas fuentes de suministro. Existen, pues, dos tipos de suministros:

- Suministro normal. Alimenta a toda la potencia de la instalación y se obtiene a partir de la acometida de la compañía suministradora.
- Suministro complementario o de seguridad. Complementa el suministro normal en caso de avería. Suele ser un porcentaje del suministro normal y es obligatorio en los edificios de pública concurrencia. En la mayoría de las industrias no es obligatorio, pero se aplica a las instalaciones en las que un corte de suministro puede ser crítico en el proceso industrial.

El suministro complementario puede proporcionarlo:

- Una segunda acometida de una compañía eléctrica. Aunque el suministro que aunque parta del mismo centro de transformación de la compañía, los circuitos de BT a la salida del centro de transformación son diferentes.
- Un grupo electrógeno. Equipo dotado de un motor diésel y un alternador capaz de generar corriente.
- Un sistema de alimentación ininterrumpido (SAI). Garantiza la no existencia de microcortes de corriente en el momento de la conmutación entre el suministro normal y el

complementario. Se utiliza para evitar efectos negativos de los microcortes de corriente sobre determinados equipos informáticos y electrónicos. Está formado por baterías y se dimensiona por una autonomía de entre 15 y 30 minutos.

Tabla 8.2 Comparativa entre los distintos tipos de suministros

Tipo de suministro	Ventajas	Inconvenientes
Segunda acometida de una compañía eléctrica	Menor inversión inicial Necesidad de poco espacio	Menor fiabilidad Existe coste de explotación
Grupo electrógeno	Mayor fiabilidad	Mayor inversión inicial Necesidad de espacio para ubicar el grupo electrógeno Necesidad de mantenimiento

8.7.4 Instalación de protección de puesta a tierra

La puesta a tierra se realiza para conseguir que entre el terreno y las partes metálicas no haya tensión o diferencias de potencial peligrosas para los usuarios. Los elementos encargados de introducir en el terreno las corrientes de falta que pueda haber en una instalación son los electrodos. Los electrodos más utilizados son:

- Picas: barras de cobre que se introducen en el terreno de forma vertical.
- Placas: de forma rectangular o cuadrada de cobre.
- Conductores enterrados: de cobre sin aislamiento, enterrados horizontalmente en el terreno.

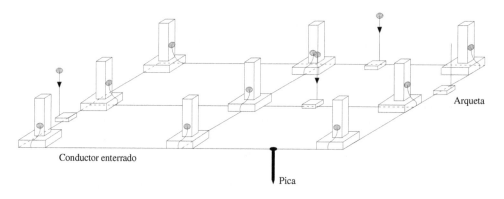

Fig. 8.11 Esquema de una instalación de puesta a tierra

Los elementos que se han de conectar a la toma de tierra son:

- Instalaciones de pararrayos.
- Instalaciones de antenas colectivas.
- Instalaciones de corriente.
- Masas metálicas de receptores (motores, máquinas, luminarias).
- Masas metálicas de cámaras de baño.
- Instalaciones de fontanería, gas, calefacción, depósitos metálicos, calderas.
- Estructuras metálicas y armados de estructuras de hormigón.
- Bandejas metálicas de distribución eléctrica.

8.7.5 Instalación de iluminación

La iluminación es un factor ambiental fundamental para el confort de los trabajadores. Las necesidades y características de iluminación dependen del tipo de trabajo a llevar a cabo y del proceso productivo que se desarrolle.

Para definir la iluminación de un edificio, que se han de tener en cuenta los aspectos siguientes:

- Nivel de iluminación (lux): cantidad de luz incidente en una superficie requerido en cada uno de los recintos, dependerá de la actividad que se realice.
- Uniformidad de la iluminación: relación entre el nivel de iluminación mínimo y el nivel de iluminación medio de un recinto.
- Confort de la iluminación: definido por el color de la luz, los deslumbramientos y el diseño de lámparas.

La iluminación de los puestos de trabajo ha de cumplir, en cuanto a su distribución y otras características, las condiciones siguientes:

- La distribución de los niveles de iluminación ha de ser lo más uniforme posible.
- Se debe procurar mantener unos niveles u contrastes de iluminación adecuados a las exigencias visuales de la tarea, y evitar variaciones bruscas de nivel de iluminación dentro de la zona de operación y entre éstas y sus alrededores.
- Se deben evitar deslumbramientos directos producidos por la luz solar o por fuentes de luz artificial de alto nivel de iluminación.
- Se deben evitar los deslumbramientos indirectos producidos por superficies reflectantes situadas en la zona de operación o sus proximidades.

La normativa laboral define las condiciones de visibilidad y las exigencias visuales de los puestos de trabajo en función de las tareas desarrolladas.

A modo orientativo, en la tabla 8.3 se muestran los niveles de iluminación recomendados para diferentes actividades.

Tabla 8.3 Niveles de iluminación recomendados para diferentes actividades

Tipo	Nivel de iluminación (lux)	Actividad o zona
Alumbrado general en locales y zonas de uso poco frecuente, o tareas visuales ocasionales y simples	20	Iluminación mínima de servicio, en zonas exteriores de circulación
	30	Almacenes al exterior y patios de almacenamiento
	50	Pasillos exteriores, plataformas, aparcamientos cerrados
	100	Aseos y lavabos, salas de máquinas
Alumbrado general en locales de trabajo	150	Zonas de circulación en industrias, depósitos y almacenes
	200	Iluminación mínima de servicio, de la tarea visual
	300	Trabajos medios, lectura y archivo, oficinas generales
	500	Almacenes
	1.000	Montaje de instrumentos
	1.500	Trabajos muy finos, montaje de componentes electrónicos
Alumbrado adicional localizado para tareas visuales exigentes	2.000	Trabajos minuciosos y muy precisos

Además, se debe procurar diseñar un edificio que aproveche al máximo la luz natural. Este tipo de iluminación se obtiene a partir de ventanas en las fachadas y lucernarios en la cubierta. La orientación y disposición del edificio son muy importantes para lograr la cantidad y uniformidad necesarias de luz natural. Como norma general, en la zona de producción es mejor utilizar lucernario en la cubierta para aprovechar las paredes para colocar la maquinaria, las instalaciones, etc. En cambio, en los servicios auxiliares para el personal, como es la zona administrativa, es mejor utilizar ventanas en las fachadas para mejorar el confort de los trabajadores.

En aquellos espacios donde no se pueda disponer de luz natural o que ésta no sea suficiente, se ha de complementar con luz artificial. En estos casos, se debe utilizar preferentemente la iluminación artificial general, complementada a su vez con una localizada cuando se requieran niveles de iluminación elevados.

El diseño de la iluminación artificial viene determinado en gran medida por las características constructivas del local (existencia de falso techo, materiales y colores de los paramentos, etc.).

En la zona de producción, almacenes, etc. de una nave industrial:

- Si la altura de las luminarias es inferior a 5 metros, se suelen utilizar luminarias fluorescentes dispuestas en filas y montadas directamente en el techo o suspendidas. Estas líneas de luminarias se instalan de forma perpendicular a los bancos o líneas de trabajo para evitar la formación de sombras y reducir deslumbramientos.

- Si la altura de montaje es superior a 5 metros, se suelen usar proyectores equipados con lámparas de descarga.

En las zonas potencialmente explosivas y con alto riesgo de incendio, se instalan luminarias resistentes a la presión y, por tanto, no pueden ser causa de ignición en la atmósfera del local.

En zonas con agua y polvo, se instalan luminarias protegidas contra el agua y el polvo. El grado de estanqueidad de estas luminarias viene determinado por la clasificación IP.

Las zonas de oficinas normalmente disponen de un falso techo con alturas comprendidas entre 2,5 y 3 metros. En estos casos, se suelen usar pantallas fluorescentes empotradas en el falso techo. Para las zonas de trabajo intensivo con ordenador, existen luminarias con reflectores que dirigen la luz de forma vertical.

En la zona de vestuarios, se suelen utilizar luminarias fluorescentes en áreas abiertas y *downlights* en los espacios pequeños.

8.8 Ventilación

La ventilación es aquella técnica que permite renovar el aire ambiente interior de un local para garantizar unas condiciones de limpieza, aunque a veces también de temperatura, calidad y humedad.

A nivel industrial, la ventilación se utiliza normalmente para eliminar los contaminantes provenientes de procesos o máquinas. La normativa obliga a plantear un sistema de ventilación forzada en este tipo de edificios.

Si las fuentes de contaminación son débiles y de baja toxicidad, y están repartidas por la sala o son móviles, se pueden obtener resultados satisfactorios por métodos de dilución. Sin embargo, normalmente es más apropiado eliminar los contaminantes en origen o cerca de él, por medio de extracciones puntuales y localizadas.

Las fuentes de contaminación industrial requieren, a menudo, gran cantidad de aire de renovación para garantizar que se retiran efectivamente los contaminantes producidos. En estos casos, se debe prestar especial atención al aire de reemplazo necesario (aire fresco), de modo que se introduzca sin disconfort para los ocupantes y sin afectar al proceso industrial. Para algunos procesos, como las cabinas de pintura al spray, puede ser necesario filtrar el aire fresco de entrada. También puede ser necesario retener los contaminantes del aire viciado antes de lanzarlo a la atmósfera. Existen, para ello, filtros y dispositivos especiales.

Desde el punto de vista de la eliminación de los contaminantes aéreos generados en un proceso industrial, se pueden plantear dos tipos de ventilación mecánica:

- Ventilación por dilución
- Ventilación localizada

8.8.1 Ventilación por dilución

La ventilación por dilución es adecuada cuando los niveles de contaminación son bajos o ésta se produce de forma dispersa y repartida por todo el espacio. Es un sistema de ventilación general de la nave que recoge también los contaminantes generados.

La ventilación por dilución se puede realizar mediante ventilación natural o forzada.

- *Ventilación natural.* Se produce por entrada y salida del aire a través de las aberturas del edificio (puertas, ventanas, etc.) de forma natural gracias a las fuerzas del viento y/o a los gradientes de temperatura en el interior de edificio. En este caso, el caudal de aire está limitado por la exposición del edificio al viento, existen pocas posibilidades de tratar y controlar el aire de entrada y no se puede aislar el recinto de ruidos o contaminantes que provengan de fuera. Es la más económica, pues no precisa ni instalación ni mantenimiento.

- *Ventilación forzada.* Se obtiene por el funcionamiento de ventiladores. Puede ir desde sistemas muy sencillos con ventiladores montados sobre la pared o la cubierta hasta sistemas más complejos con distribución por conductos desde ventiladores centralizados, con posibilidad de incorporar filtraje, silenciadores, calefacción, refrigeración, humidificación y recuperación de calor. Con este sistema, se puede garantizar y controlar el caudal de aire necesario y, en cualquier caso, hay posibilidad de filtrar, calentar, enfriar o realizar cualquier tratamiento del aire, y es posible aislar el ambiente interior respecto al exterior.

Tabla 8.4 Comparativa entre los distintos tipos de ventilación

Tipo de ventilación	Ventajas	Inconvenientes
Natural	No necesita mantenimiento. Es una instalación muy simple.	El caudal se limita a las condiciones del medio. Muchas veces no es suficiente. No hay control de las condiciones (de temperatura, humedad, etc.) del aire de entrada. No se dispone de aislamiento del exterior (en cuanto a ruido, etc.).
Forzada	Máximas condiciones de control (del caudal de aire, de aislamiento, etc.).	Necesita mantenimiento. Es más cara.

En la figura 8.12, se observan tres esquemas de ventilación natural:

- aprovechando la diferencia de densidad entre aire frío y caliente (*a*).
- aprovechando la diferencia de densidad del aire entre fachadas opuestas (*b*).
- aprovechando la diferencia de presión entre fachadas opuestas (*c*).

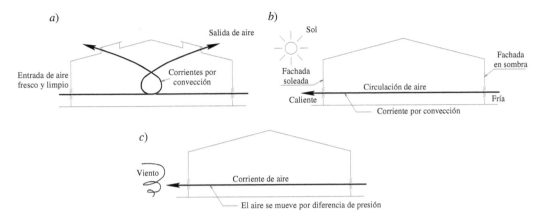

Fig. 8.12 Soluciones para la ventilación natural: a) por diferencia de densidad entre aire frío y caliente; b) por diferencia de densidad del aire entre fachadas opuestas; c) por diferencia de presión entre fachadas opuestas

En la figura 8.13 se observan tres esquemas de ventilación forzada:

- dos ejemplos creando una depresión de aspiradores (*a*) y (*b*).
- creando una sobrepresión con la instalación de aspiradores (*c*).

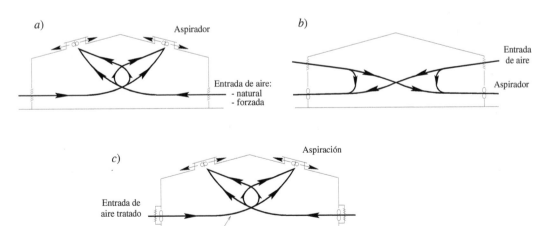

Fig. 8.13 Soluciones para la ventilación forzada: a) y b) depresión mediante aspiradores; c) sobrepresión mediante aspiradores

La elección del tipo de ventilación viene determinada por la cantidad, la calidad y el control de aire requerido, el aislamiento respecto al ambiente exterior y los condicionantes de la normativa laboral aplicable en cada caso.

La normativa laboral define las renovaciones por hora necesarias en función del tipo de trabajo a desarrollar. A modo orientativo y como ejemplo, el Real Decreto 486/1997 sobre disposiciones mínimas de seguridad y salud en los lugares de trabajo determina que la renovación mínima del aire de los locales de trabajo ha de ser de:

-   30 m^3/hora y trabajador en el caso de trabajos sedentarios en ambientes no calurosos ni contaminados por humo de tabaco.

-   50 m^3/hora y trabajador en los casos restantes, a fin de evitar el ambiente viciado y los olores desagradables.

Para concretar estos valores, en la tabla 8.5 se muestran los caudales mínimos de aire exterior definidos tanto por los fabricantes como por la normativa de instalaciones térmicas en los edificios.

Tabla 8.5 Caudales de aire exterior recomendados (en l/s)

Tipo de local	*Por persona*	*Por m^2*
Almacenes	-	de 0,75 a 3
Aparcamientos	-	5
Archivos	-	0,25
Aseos individuales	15 por local	
Auditorios	8	-
Aulas	8	-
Comedores	10	6
Salas de descanso	20	15
Salas de espera y recepción	8	4
Imprentas, reproducción y planos	-	2,5
Laboratorios	10	3
Oficinas	10	1
Salas de reuniones	10	5
Talleres:		
- en general	30	3
- en centros docentes	10	3
- de reparación automática	-	7,5
Vestuarios	-	2,5

8.8.2 Ventilación localizada

Cuando se llevan a cabo procesos con alta contaminación ambiental, se emplean métodos de extracción de aire localizados. Estos métodos suelen ser complementarios a los de una ventilación general de una sala o de una nave.

Existen tres tipos diferentes de ventilación localizada:

- *Campanas extractoras.* Su función es atraer el aire con los contaminantes en el punto donde se originan y trasladarlo hasta un punto de descarga. Existen muchos tipos de campanas extractoras, para múltiples aplicaciones: cabinas de pintura, zonas de soldadura, cocinas, laboratorios, etc.

Fig. 8.14 Campana extractora

- *Cortinas de aire.* Son potentes ventiladores que se instalan de forma adyacente a las puertas de acceso que han de estar permanentemente abiertas o se abren y cierran con mucha frecuencia y descargan aire a una velocidad elevada tangencialmente a la abertura evitando la mezcla del aire interior con el exterior. Su función principal es disminuir las cargas de calefacción, evitar corrientes de aire molestas en la zona próxima a la entrada y minimizar la entrada de contaminantes del exterior.

Fig. 8.15 Cortina de aire

- *Salas blancas.* Son ventilaciones que provocan una sobrepresión para obtener un ambiente libre de contaminantes, controlado en temperatura y humedad, con el fin de eliminar los efectos perniciosos de los contaminantes en un proceso, producto o equipo especialmente delicado. En el campo industrial, se aplican en la fabricación de chips electrónicos, de películas fotográficas, de CD o DVD, fibra óptica, etc.

8.9 Climatización

En las zonas de trabajo sedentario de personas (como las oficinas), y en algunos edificios industriales debido a los condicionantes del proceso, no es suficiente habilitar un sistema de ventilación mecánica, sino que es preciso acondicionar el ambiente de trabajo.

La normativa laboral referente a la seguridad y salud en los puestos de trabajo define las condiciones ambientales en los lugares de trabajo. A modo orientativo y como ejemplo, el Real Decreto 486/1997 sobre disposiciones mínimas de seguridad y salud en los lugares de trabajo determina que:

- La temperatura de los locales donde se realicen trabajos sedentarios propios de oficinas o similares debe estar comprendida entre 17 y 27°C.
- La temperatura de los locales donde se realicen trabajos ligeros debe estar comprendida entre 14 y 25°C.
- La humedad relativa en general debe estar comprendida entre el 30 y el 70%.

Se habla, pues, de climatización cuando tratamos la temperatura y/o la humedad del aire de un espacio (calefacción, refrigeración, humectación y/o deshumectación).

Así pues, es primordial el diseñar un edificio que favorezca un ahorro energético reduciendo al máximo sus necesidades de climatización.

Se pueden reducir las necesidades de calefacción en invierno y de refrigeración en verano disminuyendo las pérdidas de calor en invierno y reduciendo las aportaciones de calor en verano, mediante:

- *Una buena organización de espacios.* La situación de dependencias climatizadas o no climatizadas alrededor de alguna zona concreta del edificio provoca un aislamiento térmico natural del mismo. Estas zonas ubicadas alrededor de la zona a climatizar realizan la función de cámara de aire, con lo que la dependencia interior tiene menos pérdidas de calor.

- *Una forma compacta de los edificios.* En caso de necesitar varios edificios en la misma parcela, es mejor agruparlos adquiriendo una forma más compacta. De este modo, existen menos metros cuadrados de fachada, con lo que hay menos superficie de intercambio de calor.

- *Una protección contra el viento dominante.* En invierno, el viento suele ser frío, con lo cual es aconsejable buscar formas de proteger el edificio del viento dominante de la zona. Para ello, se puede utilizar: el relieve del terreno, ya sea natural o artificial; cortavientos vegetales, como por ejemplo árboles, o construcciones anexas dentro de la misma parcela.

- *Un aislamiento térmico para paredes y techos.* De esta forma, se reducen los choques térmicos, se reducen los puentes térmicos y se ayuda a conservar la inercia térmica.

- *Una buena ventilación.* En verano, la circulación de aire, con aportación exterior, es una estrategia que provoca un impacto en el confort psicológico del usuario. Además, con la circulación de aire se tiende a refrigerar el edificio de manera que se evacuan las calorías acumuladas en las paredes de las fachadas.

También se pueden reducir las necesidades de calefacción aumentando la aportación solar en invierno, y las necesidades de climatización disminuyendo esta aportación en verano, mediante:

- *Un análisis de la orientación de las fachadas.* Se debe tener en cuenta que la fachada norte no está expuesta al sol; la fachada este en verano está expuesta al sol por la mañana; la fachada sur está asoleada en invierno y no expuesta en verano (debido a la inclinación del sol), y la fachada oeste en verano está expuesta al sol por la tarde.

- *Un almacenaje de las aportaciones por la inercia térmica del edificio.* La inercia térmica es la capacidad de un edificio o elemento del mismo de almacenar calor y contribuir así a la estabilidad térmica. Así pues, existen dos tipos de inercia:

  - La inercia de transmisión a través de las paredes expuestas al sol.
  - La inercia de absorción, que es la capacidad de almacenar calor.

  Así, por ejemplo, una pared que en invierno está todo el día expuesta al sol transmite calor hacia su interior, pero al mismo tiempo está acumulando calor. En el momento en que no haya sol transmitirá hacia el interior el calor acumulado, y así contribuirá a la estabilidad térmica. En verano puede pasar al revés. Si las paredes de un edificio han adquirido una temperatura baja durante la noche, en el momento que se haga de día y la temperatura suba van a dar una sensación de frescor al interior.

  Los factores que influyen en la inercia térmica son: el calor específico de los materiales; la conductividad térmica; la superficie útil de intercambio, y el grosor del elemento acumulador.

  Los elementos que aportan inercia térmica son: los muros exteriores, el techo del edificio y el suelo del edificio.

- *Un tratamiento de los espacios exteriores.* Los edificios están situados en un entorno climático y humano concreto. Lo que se puede hacer es variar el microclima de una zona, mediante la creación de sombras usando árboles, parasoles, etc.; disminuir o aumentar la velocidad y la aceleración del viento mediante obstáculos naturales o artificiales, o aumentarla creando corrientes entre edificios; modificar el grado de higrometría con la presencia de agua por medio de fuentes o estanques y vegetación que permitan una disminución de la temperatura del ambiente debido a un aumento de humedad, etc.

Una vez analizadas e incorporadas todas las medidas pasivas para mejorar el comportamiento ambiental del edificio, se debe diseñar un sistema de climatización para obtener las condiciones óptimas de confort interior. Dentro de los sistemas de climatización existen:

- Sistemas autónomos: la producción de energía térmica se realiza cerca de los puntos de consumo sin ningún tipo de transporte.

- Sistemas distribuidos: existen uno o varios elementos de producción de energía térmica, un sistema de transporte de esta energía y uno o varios equipos de transferencia de esta energía al medio.

8.9.1 Sistemas autónomos

Dentro de los sistemas autónomos, se pueden distinguir:

- *Unidades de expansión directa.* Se utilizan para climatizar pequeños despachos, habitaciones, etc. Son equipos de poca potencia térmica y un nivel sonoro elevado; pueden ser sólo frío o bomba de calor. En estos equipos, se debe considerar un sistema de ventilación independiente. La ventaja es la poca inversión necesaria. Es un sistema adecuado en casos de instalaciones reducidas y de poca potencia térmica. Actualmente están en desuso.

Fig. 8.16 Unidad de expansión directa

- *Roof-top.* Equipo compacto de expansión directa pero de mayor potencia. Estos equipos van instalados directamente a la cubierta e impulsan aire frío directamente o a través de una red de conductos a la sala a climatizar. Se instalan normalmente en polideportivos, fábricas, grandes supermercados, etc.; pueden realizar ventilación; pueden ser sólo frío o bomba de calor.

Fig. 8.17 Unidad roof-top

8.9.2 Sistemas distribuidos

Dentro de los sistemas distribuidos, se pueden distinguir:

- *Sistema todo aire.* la distribución de la energía térmica a los locales a climatizar se realiza mediante aire tratado centralmente. Este aire se distribuye a través de una red de conductos al interior de los locales a climatizar.

- *Sistema todo agua.* la distribución de la energía térmica desde el elemento de producción hasta los locales se realiza mediante agua. Existen unos equipos de producción de energía térmica (caldera, planta enfriadora o bomba de calor) que producen agua fría y/o caliente. Esta agua se transporta a través de una red de distribución hasta las unidades terminales de tratamiento de aire (climatizadores, *fan-coils*, aerotermos, radiadores, etc.) situadas en cada uno de los recintos. Estos equipos permiten ventilación. Se utiliza en edificios con muchos recintos o habitaciones (oficinas con muchos despachos, etc.).

- *Sistema aire-agua.* Cuando se emplea aire para la ventilación y agua para el transporte de energía. Este sistema es una variante del sistema todo agua. En este caso, se centraliza el suministro del aire de ventilación, de manera que se elimina la entrada de aire exterior a cada una de las unidades. Este sistema se utiliza cuando se quiere evitar tener un gran número de aberturas al exterior, pero al mismo tiempo se quiere una ventilación controlada como es el caso de las oficinas. La ventaja principal es que las tuberías de agua ocupan menos espacio que los conductos de aire y, por lo tanto, este sistema es más económico que el sistema todo aire. El principal inconveniente es que hay maquinaria repartida por todo el edifico y una tubería de agua recorriendo zonas en las que un escape puede ser muy peligroso. Los sistemas más característicos son los de unidades *fan-coil* y los climatizadores.

- *Sistema refrigerante-aire.* Se emplea aire para la ventilación y refrigerante para el transporte de energía. Son normalmente equipos de pequeña y mediana capacidad, partidos. Estos equipos disponen de una unidad exterior, que lleva el compresor, un ventilador y una batería de intercambio energético (condensador), y una unidad interior donde hay el evaporador y un pequeño ventilador de dos o tres velocidades. Entre la unidad interior y la exterior hay la línea frigorífica, formada por dos tubos de cobre por donde circula el fluido refrigerante. En este caso, la unidad interior es silenciosa porque no dispone de compresor. Se debe tener en cuenta una instalación de evacuación de condensados.

8.9.3 Producción

Existen diferentes equipos de producción de energía frigorífica y calorífica. Estos sistemas de producción de energía proporcionan agua fría y/o caliente, que se distribuye por equipos de bombeo a través de redes de tuberías hasta los puntos de consumo, donde se trata el ambiente a climatizar.

Para la producción de calor:

- *Caldera.* Generador de calor, constituido por un recipiente cerrado en el que un fluido (normalmente agua) es calentado indirectamente por una llama o una resistencia eléctrica. Según el combustible o fuente primaria de energía, distinguimos: calderas con combustible sólido, con combustible líquido (gasoil), a gas (gas natural o propano) o eléctricas. Es la solución más económica pero ocupa más espacio y requiere más mantenimiento. Se debe disponer de una o varias calderas para calefacción y éstas tienen que ser independientes a las calderas de agua caliente sanitaria. Tanto las calderas para calefacción como para agua caliente sanitaria se deben instalar en unas salas específicas para albergar este tipo de instalaciones, llamadas *salas de calderas*. Las características de estos recintos ya se han explicado en el apartado 8.3.2 de este capítulo. En la figura 8.18, se puede observar una fotografía de una caldera.

Fig. 8.18 Caldera industrial

- *Bomba de calor*. Planta enfriadora reversible. Solución compacta: con un solo equipo se resuelven las necesidades de frío y calor.

Fig. 8.19 Bomba de calor industrial

Para la producción de frío:

- *Planta enfriadora*. Es un equipo compacto que, mediante un proceso de compresión/expansión del fluido refrigerante, refrigera agua o un fluido equivalente. La mayoría de las plantas enfriadoras son condensadas por aire, y se instalan en el exterior, a menudo en cubiertas. La variante de plantas enfriadoras por agua puede presentar el problema de la legionelosis, por lo que deben preverse los mecanismos de previsión definidos en la normativa. En la figura 8.20, se observa una fotografía de una enfriadora.

Fig. 8.20 Enfriadora

8.9.4 Unidades de tratamiento del aire

- *Climatizador*. Equipo modular de tratamiento y propulsión de aire, destinado a mantener y/o corregir la calidad y las condiciones hidrotérmicas del aire ambiente del espacio interior a climatizar. En general, está formado por: ventilador - sección de mezcla de aire - sección de filtros de aire - sección de batería de intercambio térmico para agua fría y caliente-. En la figura 8.21, se aprecia el esquema de una unidad climatizadora.

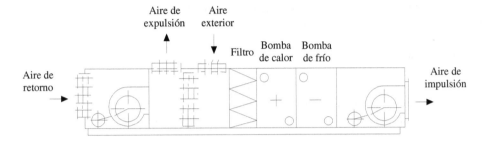

Fig. 8.21 Esquema de una unidad climatizadora

El climatizador ha de estar convenientemente aislado desde el punto de vista térmico y acústico. Normalmente, se instala sobre unos amortiguadores de muelles que absorben la vibración de los ventiladores del propio climatizador.

El climatizador ha de incorporar todos los elementos de control y mando necesarios para su correcta operación: sondas de temperatura, humedad, presión, mando sobre ventiladores, humectadores y válvulas de tres vías de las baterías de frío y calor.

- *Fan-coil:* Es un climatizador de pequeñas dimensiones, equipado básicamente de un ventilador, una o dos baterías de intercambio térmico y un filtro de aire.

Fig. 8.22 Fan-coil

- *Recuperador de calor*. Es un intercambiador de calor destinado a recuperar la energía residual. Básicamente, se utiliza para aprovechar la energía térmica del aire extraído de la sala para calentar o enfriar el aire exterior de ventilación.

8.9.5 Red de distribución de agua. Materiales

En los sistemas distribuidos, existe una red de distribución de agua desde los equipos de producción de energía térmica (caldera, planta enfriadora o bomba de calor) hasta los elementos terminales (climatizador, *fan-coil*, etc.).

Los materiales más empleados para la red de distribución de agua son las tuberías de acero negro (normalmente, con ejecución soldada) o las tuberías de polietileno reticulado. Toda la red ha de estar calorifugada para evitar pérdidas de rendimientos de la instalación. Los tramos que discurren por la intemperie suelen proteger el aislamiento con una camisa de plancha de acero inoxidable.

Los componentes auxiliares de las redes de tuberías son:

- Depósito de inercia: para aumentar el volumen de agua de la instalación y evitar que el equipo de producción de energía térmica esté continuamente encendiéndose y apagándose.
- Vasos de expansión: elemento encargado de absorber las variaciones de volumen producidas en el agua al cambiar la temperatura.
- Bomba circuladora: encargada de hacer circular el agua por toda la red de tuberías venciendo las pérdidas de carga.
- Válvulas de regulación y cierre de circuitos.
- Elementos de control como manómetros y termómetros.
- Puntos de purga, grifos de vaciado y filtros de agua.
- Dilatadores que absorben las dilataciones de la tubería al variar la temperatura del agua que transportan.
- Amortiguadores de vibración, que aíslan las bombas, para evitar introducir vibraciones en el sistema de tuberías.

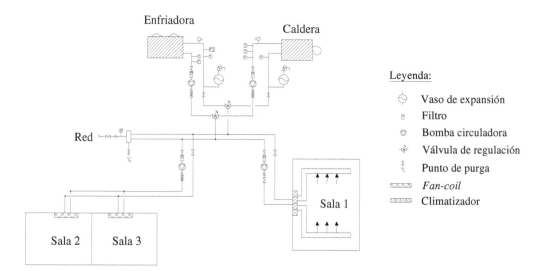

Fig. 8.23 Esquema de una instalación de climatización

8.9.6 Red de distribución de aire

Existen sistemas de climatización que utilizan aire como medio de transporte y distribución de energía térmica (sistema todo aire) y sistemas o equipos que utilizan un fluido para transportar la energía pero utilizan el aire para repartir uniformemente la energía térmica por el local (climatizador, *roof tops*, etc.). Estos sistemas requieren una instalación de distribución de aire con una buena distribución y difusión para garantizar un buen confort térmico.

En una red de distribución de aire, se pueden identificar los circuitos siguientes:

- Impulsión: conduce el aire desde la unidad de tratamiento hasta el espacio a condicionar.
- Retorno: lleva el aire del local hasta las unidades de tratamiento.
- Aire exterior: lleva el aire exterior de ventilación hasta la unidad de tratamiento.
- Expulsión: transmite el aire de retorno excedente al exterior.

Los componentes de una instalación de distribución de aire son:

- *Conductos*. Para la impulsión-extracción de aire de forma conducida. Se pueden emplear diferentes materiales, aunque los más empleados son la chapa y la fibra de vidrio. Los conductos de chapa metálica galvanizada son resistentes a los golpes y se emplean en ejecución vista y en intemperie.

  Los conductos de ventilación y extracción pueden estar sin aislar, pero los conductos de climatización han de incorporar un aislamiento térmico y una barrera de vapor para evitar la condensación de aire del exterior.

  Si el conducto va oculto en un falso techo y no soporta grandes presiones, pueden emplearse placas de fibra de vidrio, que se conforman en obra. Ésta es la solución más económica pero de menor calidad constructiva.

Fig. 8.24 Conductos de aire en ejecución vista

- *Elementos de difusión*. Para impulsar y extraer el aire de un espacio determinado son precisos los elementos de difusión, cuyo fin es introducir el aire de la forma más homogénea posible, sin provocar corrientes de aire molestas ni ruidos.

En la figura 8.25, se observan diferentes elementos de difusión.

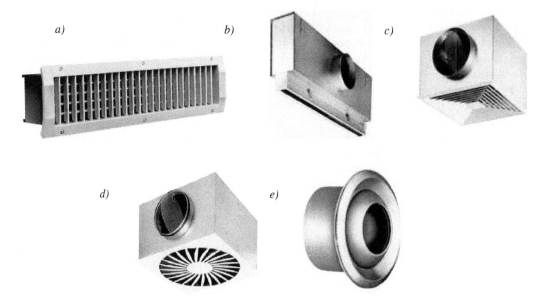

Fig. 8.25 *Elementos de difusión: a) rejilla; b) difusor lineal; c) difusor cuadrado;*
d) difusor rotacional; e) tobera

9 Protección contra incendios de los edificios industriales

9.1 Introducción

Los procesos y productos industriales llevan asociados peligros de incendio, que pueden comprometer daños a la propiedad, paralizaciones de actividades, daños medioambientales, daños a la imagen corporativa y la futura rentabilidad.

Los factores de riesgo que se generan en las industrias van desde una mala manipulación hasta factores técnicos, como podrían ser una mala manutención de los productos, un mal almacenamiento o unas instalaciones eléctricas en mal estado.

Se denomina *protección contra incendios* el conjunto de medidas que se disponen en los edificios para protegerlos contra la acción del fuego. Generalmente, con ella se trata de conseguir tres fines:

- Salvar vidas humanas.
- Minimizar las pérdidas económicas producidas por el fuego.
- Conseguir que las actividades del edificio puedan reanudarse en el plazo de tiempo más corto posible.

Salvar vidas humanas suele ser el único fin de la normativa de los diversos países. Los otros dos los imponen indirectamente las compañías de seguros, que rebajan las pólizas cuanto más apropiados sean los medios aplicados.

9.2 Fundamentos. Aspectos generales

Para entender los aspectos básicos de la protección contra incendios, se definen a continuación una serie de términos:

Fuego. Fenómeno químico exotérmico con desprendimiento de calor y luz, producido por la combinación de:

- *Combustible*, usualmente un compuesto orgánico, como el carbón, la madera, los plásticos, los gases de hidrocarburo, la gasolina, etc.
- *Comburente*, el oxígeno del aire.
- *Energía de activación*, que se puede obtener con una chispa, temperatura elevada u otra llama.

La suma de estos tres componentes da lugar a la combustión, cuya manifestación visual es el fuego.

Incendio. Fuego descontrolado de grandes proporciones, el cual no pudo ser extinguido en sus primeros minutos.

Amago. Fuego de pequeña proporción que es extinguido en los primeros momentos por el propio personal de la planta, con los elementos de extinción disponibles, antes de la llegada de bomberos.

Material combustible. Un combustible es toda sustancia que, bajo ciertas condiciones, tiene la capacidad de arder. Los materiales combustibles pueden ser sólidos, líquidos o gaseosos. Los materiales sólidos más combustibles son de naturaleza celulósica; los materiales líquidos combustibles no arden, sino que lo hacen los vapores que se desprenden de ellos, y los materiales gaseosos inflamables arden en una atmósfera de aire o de oxígeno.

Clases de fuego. A efectos de conocer la peligrosidad de los materiales en caso de incendio y de definir el agente extintor, se establecen distintas clases de fuego:

- _Clase A_. Fuegos de materiales sólidos, principalmente de tipo orgánico. La combustión se realiza produciendo brasas. Ejemplos: madera, papel, cartón, tejidos.
- _Clase B_. Fuegos que se desarrollan sobre líquidos o sólidos que con calor pasan a estado líquido. Ejemplos: alquitrán, gasolina, aceites, grasas.
- _Clase C_. Fuegos que se desarrollan sobre gases. Ejemplos: acetileno, butano, propano, gas ciudad.
- _Clase D_. Fuegos que se desarrollan sobre metales y productos químicos reactivos. Ejemplos: magnesio, sodio, potasio, aluminio pulverizado, titanio.

Tipos de fuego. Desde el punto de vista de la forma en que se exteriorizan, los fuegos pueden ser tipificados en dos grupos:

- _Fuegos con llama_. La combustión es producida por la generación de gases o vapores de combustibles sólidos y líquidos, y la participación de gases, cuando el combustible se encuentra en este estado.
- _Fuegos incandescentes_. La combustión es producida a nivel superficial de combustibles sólidos, sin la presencia de gases o vapores.

9.3 Evaluación de los incendios

Con el fin de lograr desarrollar satisfactoriamente las actividades que se llevan acabo en las industrias y, evitar además, daños a los equipos, materiales y personas, es necesario disminuir el riesgo de incendios, teniendo en cuenta la identificación de peligros de incendio, su control y su prevención.

Por este motivo, es importante identificar las fuentes de ignición, los materiales combustibles, los factores que contribuyen a la coexistencia de fuentes de ignición y a la propagación del fuego.

Es necesario, pues, incorporar unas medidas de control y de protección de incendios.

Estas medidas se pueden dividir en:

a) *Medidas pasivas.* Se trata de las medidas que afectan al proyecto o a la construcción del edificio, en primer lugar, que facilitan la evacuación de los usuarios presentes en caso de incendio y, en segundo lugar, retardan y confinan la acción del fuego para que no se extienda muy deprisa o se pare antes de invadir otras zonas.

b) *Medidas activas.* Fundamentalmente, son manifiestas en las instalaciones de extinción de incendios.

9.4 Medios pasivos de protección contra incendios

Para conseguir una evacuación fácil y rápida de los ocupantes del edificio, las diversas normativas determinan el ancho de los pasillos, las escaleras y las puertas de evacuación, las distancias máximas a recorrer hasta llegar a un lugar seguro, así como disposiciones constructivas (apertura de las puertas en el sentido de la evacuación, escaleras con pasamanos, etc.). También se establecen recorridos de evacuación protegidos (pasillos y escaleras), de modo que no solamente tienen paredes, suelo y techo resistentes a la acción del fuego, sino que están decorados con materiales y elementos incombustibles.

Una medida para retardar el avance del fuego es dividir el edificio en sectores de incendio de determinados tamaños, sectores limitados por paredes, techo y suelo de una cierta resistencia al fuego. En la evacuación, pasar de un sector a otro es llegar a un lugar más seguro.

Podemos clasificar los medios pasivos de protección contra incendios en:

- Sectorización de incendios
- Elementos de evacuación

9.4.1 Sectorización de incendios

Un sector de incendios es una zona del edificio cerrada y limitada por elementos resistentes al fuego, del tal modo que, en caso de declararse un incendio en su interior, éste quede localizado y se retarde su propagación a los sectores de incendio más próximos durante el tiempo establecido por la normativa.

Los elementos constructivos de cada sector han de poseer unas determinadas características de estabilidad al fuego. La estabilidad al fuego de un elemento constructivo portante (R) se define por el tiempo en minutos durante el que dicho elemento debe mantener la estabilidad mecánica (o capacidad portante). Por *elemento portante* se entiende aquel que debe resistir alguna carga (básicamente, elementos estructurales).

Los elementos de separación de los distintos sectores de incendio, al igual que los elementos de separación de otros edificios, han de poseer unas determinadas características de resistencia al fuego.

La resistencia al fuego de un elemento constructivo de cerramiento (o delimitador) se define por el tiempo en minutos durante el que dicho elemento ha de mantener las condiciones siguientes:

- Capacidad portante (R)
- Integridad al paso de llamas y gases calientes (E)
- Aislamiento térmico (I)

9.4.2 Elementos de evacuación

Los elementos de evacuación deben permitir a los ocupantes de un edificio o sector evacuarlo lo antes posible con seguridad.

Los parámetros que rigen los elementos de evacuación son:

- Determinación de los recorridos de evacuación (en función del origen de evacuación, la altura de la evacuación, la disposición de escaleras, etc.).
- Determinación del número y la disposición de salidas.
- Dimensionado de salidas, pasillos y escaleras.
- Determinación de la necesidad de vestíbulos previos.

9.5 Medios activos de protección contra incendios

Para extinguir un incendio, se utilizan los medios activos de protección contra incendios. Éstos se dividen en:

a) *Detección y alarma.* Los sistemas de detección y alarma tienen por objeto detectar rápidamente el incendio y transmitir la noticia para iniciar la extinción y la evacuación.

b) *Señalización.* Los sistemas de señalización muestran los recorridos de evacuación.

c) *Extinción.* Los sistemas de extinción permiten extinguir un incendio mediante agentes extintores (agua, polvo, espuma, nieve carbónica), contenidos en extintores o conducidos por tuberías que los llevan hasta unos dispositivos (bocas de incendio, hidrantes, rociadores), que pueden funcionar manual o automáticamente.

9.5.1 Sistemas de detección y alarma

La detección se puede llevar a cabo mediante detectores automáticos (de humos, de llamas o de calor, según las materias contenidas en el local) o manuales (timbres que cualquiera puede pulsar si ve un conato de incendio).

Las instalaciones fijas de detección de incendios permiten la detección y localización automática o semiautomática, y accionar opcionalmente los sistemas fijos de extinción de incendios. Además, pueden vigilar permanentemente zonas inaccesibles a la detección humana.

Las funciones del sistema de detección automática de incendios son:

- Detectar la presencia de un incendio con rapidez, dando una alarma preestablecida (señalización óptica-acústica en un panel o central de señalización).
- Localizar el incendio en el espacio.
- Ejecutar el plan de alarma, con intervención humana o sin ella.
- Realizar funciones auxiliares: transmitir automáticamente la alarma a distancia, disparar una instalación de extinción fija, parar máquinas (aire acondicionado), cerrar puertas, etc.

Los componentes principales de una instalación de detección son:

- Detectores automáticos.
- Pulsadores.
- Central de señalización y mando a distancia.
- Aparatos auxiliares: alarma general, teléfono de comunicación directa con los bomberos, accionamiento de sistemas de extinción, etc.

a)   b)   c)   d)

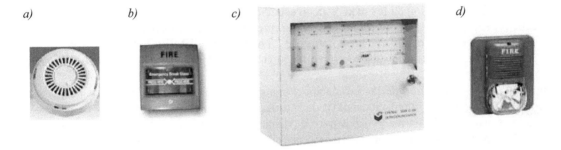

Fig. 9.1 Instalaciones de detección y alarma de incendios: a) detector automático; b) pulsador; c) central de señalización; d) alarma

Los detectores automáticos son elementos que detectan el fuego a través de algunos fenómenos que acompañan al fuego: gases y humos, temperatura, radiación UV, visible o infrarroja, etc.

Según el principio en que se basan, los detectores se denominan:

- *Detector de gases o iónico.* Utiliza el principio de ionización y velocidad de los iones, conseguida mediante sustancia radiactiva, inofensiva para el hombre (Fig. 9.2.*a*).

- *Detector de humos visibles (óptico de humos).* Mediante una captación de humos visibles que pasan a través de una célula fotoeléctrica, se origina la correspondiente reacción del aparato (Fig. 9.2.*b*).

- *Detector de temperatura.* Reacciona a una temperatura fija para la que han sido tarados. (Un rociador automático o *sprinkler* es uno de ellos) (Fig. 9.2.*c*).

- *Detector de llama.* Reacciona frente a las radiaciones ultravioleta o infrarroja, propias del espectro (Fig. 9.2.*d*).

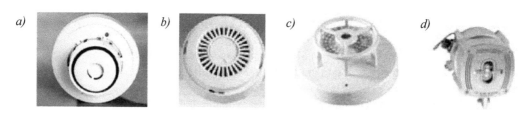

Fig. 9.2 Detectores automáticos de incendio

9.5.2 Sistemas de señalización

Para garantizar una evacuación fácil y fluida de los ocupantes de un recinto y una extinción rápida del incendio es necesaria la implantación de un sistema de señalización.

Deben señalizarse los medios de evacuación, las salidas de uso habitual o de emergencia, y las instalaciones manuales de protección contra incendios.

En cuanto a la señalización de los medios de evacuación, las salidas de uso habitual de recinto, planta o edificio deben disponer de un rótulo con el nombre "SALIDA". Cuando se trata de una salida de emergencia, se deben rotular con el nombre de "SALIDA DE EMERGENCIA". Aparte, se debe disponer de señales indicativas de dirección de recorridos, visibles desde todo origen de evacuación.

En cuanto a la señalización de las instalaciones manuales de protección contra incendios, todos los medios de protección contra incendios de utilización manual (extintores, bocas de incendio, pulsadores manuales de alarma y dispositivos de disparo de sistemas de extinción) se deben señalizar. Las señales han de ser visibles incluso en caso de fallo en el suministro del alumbrado normal.

9.5.3 Sistemas de extinción

Según la sustancia extintora, se pueden clasificar en:

- Sistemas de agua
- Sistemas de espuma física
- Sistemas de dióxido de carbono
- Sistemas de polvo químico (normal o polivalente)
- Sistemas de halón y alternativas al halón

Según el modo de aplicación:

- *Sistemas semifijos*. El agente extintor es transportado por una conducción e impulsado sobre el fuego a través de una manguera y lanza o monitor móvil. Ejemplos: columna seca, boca de incendio equipada (BIE), hidrante exterior.

- *Sistemas fijos*. El agente extintor es transportado por una conducción e impulsado sobre el fuego a través de boquillas fijas adosadas a la misma. Ejemplos: rociadores automáticos o *sprinklers*.

- *Sistemas móviles.* El agente extintor es transportado e impulsado sobre el fuego mediante un vehículo automotor. Ejemplo: camión de bomberos con depósito de agua.

Según el sistema de accionamiento:

- *Manual*, por ejemplo, los extintores.
- *Automático*, por ejemplo, los rociadores automáticos o *sprinklers*.

Según la zona de actuación:

- *Parcial.*
- *Por inundación total.* Los sistemas de inundación total tienen por objeto provocar una descarga de polvo alrededor del riesgo, dentro de un espacio total o parcialmente cerrado.

Los sistemas de extinción más usuales son:

a) *Columna seca.* Instalación formada por una canalización de acero, vacía, con bocas a diferentes alturas, con acoplamiento para manguera y toma de alimentación.

b) *Boca de incendio.* Cualquier toma de agua reservada para la protección contra incendios. Una BIE es una instalación formada por una conducción independiente de otros usos, siempre en carga, con bocas y equipos de manguera. Suele estar en un armario, en el que hay una entrada de agua con una válvula de corte y un manómetro para comprobar en cualquier momento el estado de la alimentación. Tiene una manguera plegada (en plegadera) o enrollada (en devanadera), con su boca de salida (lanza y boquilla). Las mangueras pueden ser de 25 y 45 mm de diámetro, que permiten caudales elevados de agua: 1,6 y 3,3 litros por segundo, respectivamente.

Fig. 9.3 Boca de incendio equipada (BIE)

c) *Hidrante.* Es una boca para la toma de agua, subterránea o de superficie, con alimentación a través de una red de agua a presión, válvula de accionamiento manual y una o varias bocas con racores. Están ubicadas en el exterior del edificio (en algunas plantas, pueden estar también en el interior), con la finalidad de luchar contra el incendio desde el exterior o alimentar otras instalaciones.

Fig. 9.4 Hidrante

d) *Rociadores automáticos o sprinklers.* Son las instalaciones fijas automáticas más extendidas, porque en cierta forma engloban las tres etapas fundamentales de la lucha contra el fuego: detección, alarma y extinción. La instalación, conectada a una o más fuentes de alimentación, consta de una válvula de control general y de unas canalizaciones ramificadas, bajo carga, a las cuales se adosan unas válvulas de cierre, o cabezas rociadoras, llamadas *sprinklers*, que se abren automáticamente al alcanzarse una determinada temperatura (generalmente, entre 57°C y 260°C).

Fig. 9.5 Rociadores automáticos o sprinklers

e) *Extintores.* Suelen estar formados por un recipiente metálico (bombona o cilindro de acero) que contiene un agente extintor a presión, de modo que al abrir una válvula el agente sale por una tobera, que se debe dirigir a la base del fuego. Los hay de muchos tamaños y tipos, desde los muy pequeños, que suelen llevarse en los automóviles, hasta los grandes, que van en un carrito con ruedas. Según el agente extintor, podemos distinguir entre:

- Extintores hídricos. Cargados con agua y un agente espumógeno. Hoy en día están en desuso por su baja eficacia.

- Extintores de halón. Cargados con hidrocarburo halogenado, actualmente prohibidos en muchos países.

- Extintores de polvo. Multifunción, aunque contraindicados para fuegos eléctricos.

- Extintores de CO_2. También conocidos como de nieve carbónica o anhídrido carbónico.

- Extintores para metales. Únicamente válidos para metales combustibles, como sodio, potasio, magnesio, titanio, etc.

En la figura 9.6, se muestran dos tipos distintos de extintores.

Fig. 9.6 Extintores

Los extintores también se distinguen por los fuegos que son capaces de apagar: de origen eléctrico, originados por combustibles líquidos u originados por combustibles sólidos, lo cual depende del agente extintor que contienen:

a) *Agua a presión*. Los extintores de agua bajo presión son diseñados para proteger áreas con riesgos de fuego de clase A (combustibles sólidos). Aplicaciones típicas: carpintería, industrias de muebles, aserraderos, depósitos, hospitales, etc.

b) *Agua pulverizada*. Los extintores de agua pulverizada son diseñados para proteger todas las áreas que contienen riesgos de fuegos de clase A (combustibles sólidos) y de clase B (combustibles líquidos) de forma eficiente y segura. No contamina el medio ambiente, no es tóxica ni conduce la electricidad. Aplicaciones típicas: servicios aéreos, museos, oficinas, hospitales, industrias electrónicas, centros de telecomunicaciones, escuelas, etc.

c) *Espuma*. Los extintores de espuma actúan por sofocación. Contienen una mezcla de agua y sustancia química espumógena. Los extintores de espuma bajo presión son diseñados para proteger áreas con riesgos de fuego de clase A (combustibles sólidos) y de clase B (combustibles líquidos). Aplicaciones típicas: industrias químicas, petroleras, etc.

d) *Dióxido de carbono (CO_2)*. Los extintores de dióxido de carbono son diseñados para proteger áreas con riesgos de fuego de clase B (combustibles líquidos) y de clase C (combustibles gaseosos). Aplicaciones típicas: industrias, equipos eléctricos, viviendas, transporte, comercios, escuelas, garajes, etc.

e) *Polvo químico seco polivalente, ABC*. Los extintores de polvo químico seco polivalente o antibrasas son diseñados para proteger áreas con riesgo de fuego de clase A (combustibles sólidos), de clase B (combustibles líquidos) y de clase C (combustibles gaseosos). Actúan por sofocación e inhibición de la reacción, pero recubriendo el combustible (si es sólido) e impidiendo la reignición de las brasas. De todos los agentes extintores, es el de mayor efectividad y brinda una protección superior. Aplicaciones típicas: industrias, oficinas, viviendas, transporte, comercios, escuelas, aviación, garajes, etc.

f) *Hidrocarburos halogenados*. Los extintores de hidrocarburos halogenados son diseñados para proteger áreas con riesgos de fuego de clases A y B. Extinguen por inhibición de la reacción. Se utilizan para la protección de equipos eléctricos y electrónicos.

g) *Polvo específico de metales*. Los extintores de polvo químico seco son diseñados para proteger áreas con riesgos de fuego de clase D (metales combustibles) que incluye litio, sodio, aleaciones sodio-potasio, magnesio y compuestos metálicos. Está cargado con polvo compuesto a base de borato de sodio. El compuesto es tratado para hacerlo resistente a la influencia de climas extremos por medio de agentes hidrófobos basados en silicona.

h) *Anhídrido carbónico*. Se trata de un gas más pesado que el CO_2. Se utiliza como gas licuado que se evapora al salir del extintor absorbiendo calor y provocando un descenso de temperatura. Extingue el fuego por sofocación, no ensucia las instalaciones y penetra en huecos y rejillas. Estos extintores protegen áreas con riesgo de fuegos de clase B y los producidos en instalaciones eléctricas.

Tabla 9.1 Tipos de extintores y su adecuación a las clases de fuego

Agente extintor	Clase de fuego				
	A	B	C	D	E
Agua a presión	Adecuado				Peligroso
Agua pulverizada	Muy adecuado	Aceptable (combustibles líquidos no solubles en agua, gasoil, aceite,…)			Peligroso
Espuma	Adecuado	Adecuado			Peligroso
Dióxido de carbono (CO₂)		Muy adecuado	Adecuado		
Polvo ABC	Adecuado	Adecuado	Adecuado		
Hidrocarburos halogenados	Aceptable (fuegos pequeños)	Aceptable (fuegos pequeños)			Aceptable
Polvo específico de metales				Adecuado	
Anhídrido carbónico	Aceptable (fuegos pequeños; no apaga las brasas)	Aceptable (fuegos pequeños)		Aceptable	Aceptable (bueno para salas de ordenadores)

9.6 Proceso para el estudio y la implantación de medidas de protección contra incendios en un edificio industrial

Para estudiar las características de un edificio industrial y definir medidas de protección contra incendios, se debe seguir el proceso que se esquematiza en la figura 9.7.

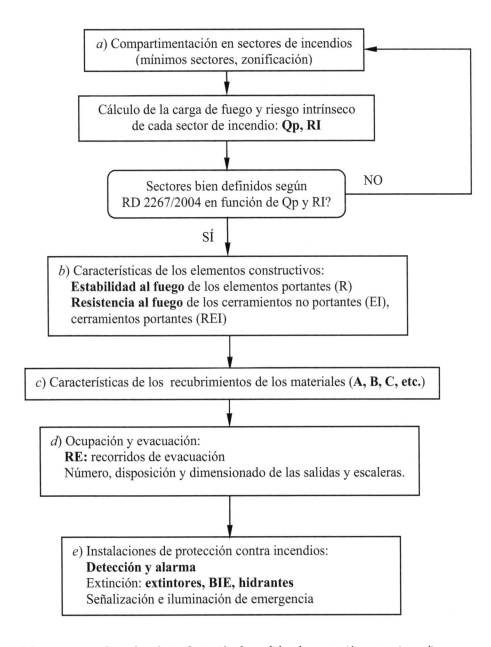

Fig. 9.7 Proceso para el estudio y la implantación de medidas de protección contra incendios para un edificio industrial

a) Compartimentación en sectores de incendio

Inicialmente, se ha de definir una distribución (sectorización) del edificio, teniendo en cuenta que se deben definir los mínimos sectores posibles. Si hay alguna zona que coexista con la zona industrial pero se destine a otros usos (zona administrativa, zona comercial, etc.), cumpliendo unas condiciones específicas, deberá formar un sector de incendio independiente.

Una vez estimados los posibles sectores de incendio, se debe comprobar su viabilidad. Ésta depende de:

- La configuración del edificio. Por ejemplo, si constituye un local ubicado en un edifico donde coexisten otros establecimientos, si es un edificio aislado, si tiene edificios vecinos, etc.
- El nivel de riesgo intrínseco. Éste se obtiene calculando la densidad de carga de fuego, que depende de los materiales almacenados en el sector de incendio, su superficie y el tipo de actividad industrial que se desarrolla en el local. El nivel de riesgo intrínseco puede ser bajo, medio o alto.

A partir de la configuración del edificio y del nivel de riesgo intrínseco, se obtiene la superficie máxima admisible del sector de incendio. De este modo, se puede comprobar si la sectorización inicial es correcta o si debemos subdividir sectores, ya que los elegidos inicialmente tenían una densidad de carga de fuego demasiado elevada para su superficie.

b) Características de los elementos constructivos

Una vez los sectores de incendio cumplen con la normativa de seguridad contra incendios en los edificios industriales, se deben definir las características de los elementos constructivos. Éstos también dependen de la configuración del edificio, del nivel de riesgo intrínseco de los sectores y de si el sector se encuentra en planta sobre rasante o planta subterránea.

La normativa de seguridad contra incendios define el valor de la estabilidad al fuego (R) de los elementos estructurales de cada sector de incendio. Por otro lado, el valor de la resistencia al fuego (EI o REI) de los elementos delimitadores de un sector de incendio respecto a otro debe ser mayor o equivalente a la estabilidad al fuego (R) de los elementos estructurales del sector más desfavorable que acomete en ella. Y la resistencia al fuego (EI) de las puertas de paso entre dos sectores de incendio debe ser, al menos, la mitad de la exigida al elemento que separa los dos sectores.

En la normativa, también se define la resistencia al fuego (R) de las medianerías o muros colindantes con otro establecimiento (exigencia más restrictiva que cuando se trata de separación de sectores dentro del mismo establecimiento industrial).

c) Características de los recubrimientos materiales

También se han de definir las exigencias de comportamiento al fuego de los materiales de revestimientos (suelos, paredes y techos, lucernarios y exterior de fachada).

De forma general, los materiales, en función de su comportamiento al fuego, se clasifican en:

A1: material que no contribuye al incendio;
A2: material que contribuye de manera muy poco importante al incendio;
B: material con un grado de inflamabilidad bajo;
C: material con un grado de inflamabilidad moderado;
D: material con un grado de inflamabilidad medio-alto;
E: material con un grado de inflamabilidad alto.

d) Ocupación y evacuación

A continuación, se debe estimar la ocupación de cada recinto en función de su uso para dimensionar las salidas de evacuación.

Además, en función del riesgo intrínseco de cada sector, la normativa de seguridad en caso de incendio define el número mínimo de salidas de cada sector, las longitudes máximas de los recorridos de evacuación, y las escaleras y aparatos elevadores.

e) Instalaciones de protección contra incendios

Según la configuración del edificio y el riesgo intrínseco de cada sector, serán necesarias distintas instalaciones contra incendios: sistema automático de detección, sistema manual de alarma de incendios, comunicación de alarma, extintores, hidrantes, BIE, columna seca, rociadores automáticos, iluminación de emergencia y señalización.

9.7 Legislación referente a la protección contra incendios

En cada país, suele existir una norma que regula las disposiciones de protección, tanto activas como pasivas. A veces, los gobiernos locales promulgan normas adicionales, que adaptan la normativa nacional a las particularidades de su zona.

Como ejemplo, en el ámbito de aplicación a las industrias, el *Reglamento de seguridad contra incendios en establecimientos industriales (Real decreto 2267/2004)*, es de obligada aplicación en España.

Además, en el ámbito de los locales de pública concurrencia, existe el *Código técnico de la edificación – Disposición básica – Seguridad en caso de incendio (CTE-DB-SI)*. Esta normativa complementa la anterior en algunas zonas no propiamente industriales de las naves, tales como zonas administrativas, comedor, etc.

Aparte de esta legislación, existen otras disposiciones legales dictadas por las autoridades locales en cada comunidad autónoma y que son de obligado cumplimiento.

10 Aspectos básicos de la localización industrial

10.1 Introducción

En el ámbito de la construcción industrial, la primera decisión que se debe tomar en cualquier proyecto de nueva edificación, modificación o ampliación es escoger el lugar donde se va a ubicar el complejo industrial. Esta disciplina se llama *localización industrial*.

Se debe tener en cuenta que la localización es un estudio de soluciones múltiples, o sea, que existe más de una localización factible y adecuada que pueda hacer rentable el proyecto.

La previsión de creación de zonas industriales, así como los nuevos crecimientos en las ciudades, responden a unas valoraciones previamente decididas. Estas valoraciones pueden ser responsabilidad de los gobiernos o de los particulares, según el ámbito, el sistema o las leyes de cada país o región.

Lo cierto es que antes de cada implantación industrial han existido un conjunto de decisiones tomadas a diferentes niveles que la posibilitan. Es decir, alguien ha dotado la zona de infraestructuras de transporte, de electricidad, de agua, y acaso alguna institución o ministerio ha construido escuelas en la zona que han formado a las personas que hoy trabajan en la industria de la zona, etc.

El proceso de ubicación del lugar adecuado para instalar una planta industrial requiere el análisis de diversos factores, desde los puntos de vista económico, social, tecnológico y del mercado, entre otros.

10.2 Decisiones de localización

Actualmente, el cambio continuo de los mercados, la competencia, las tecnologías, las materias primas, etc. provocan que las organizaciones modifiquen sus operaciones y se deban plantear dónde localizar sus industrias.

Entre las diversas causas que originan problemas ligados a la localización, podríamos citar:

- Un mercado en expansión, que requerirá un aumento de la capacidad o la introducción de nuevos productos. Para ello, o bien se debe ampliar el complejo industrial ya existente o bien se debe crear uno nuevo en algún otro lugar.

- Una reducción de la demanda, un cambio en la localización de la demanda o el agotamiento de las fuentes de abastecimiento de las materias primas. Estas situaciones pueden requerir el cierre del complejo industrial y/o la reubicación de las operaciones.

- La obsolescencia de un complejo industrial con el tiempo o debido a la aparición de nuevas tecnologías. Esto se traduce, a menudo, en la creación de un nuevo complejo industrial más moderno en algún otro lugar.

- La presión de la competencia que, para aumentar el nivel de servicio ofrecido, puede llevar a la creación de más complejos industriales o a la recolocación de algunos ya existentes.

- Cambios en otros recursos, como la mano de obra, o en las condiciones políticas o económicas de una región, que obliguen a relocalizar el complejo industrial.

- Las fusiones y adquisiciones entre empresas pueden hacer que algunas resulten redundantes o se encuentren mal ubicadas en relación con las demás.

Los motivos mencionados son algunos de los que pueden provocar la toma de decisiones y replanteamiento de la localización del complejo industrial. Como consecuencia, las alternativas de localización pueden ser de tres tipos:

1. Expandir una planta existente. Esta opción sólo es posible si existe suficiente espacio para ello y generalmente origina menores costes que otras opciones.

2. Añadir nuevos complejos industriales en nuevos lugares. Muchas veces, es simplemente la única opción posible.

3. Cerrar el complejo industrial actual y abrir otro en otro lugar. Esta opción puede generar grandes costes, por lo que la empresa deberá comparar los beneficios de la relocalización con los que se derivarían del hecho de permanecer en el lugar actual.

Las decisiones que nos permiten escoger una localización para la implantación de una industria nueva pueden estar basadas en los mismos parámetros que el caso de buscar una relocalización de un complejo industrial ya existente.

10.3 Parámetros que afectan a la localización

Para elegir la localización de una industria nueva o la relocalización de una ya existente, es necesario conocer una serie de parámetros que ayudan a definir las características de las diferentes posibles localizaciones.

Existe una gran cantidad de parámetros que pueden influenciar en las decisiones de localización, cuya importancia variará su de una industria a otra, en función de sus circunstancias y de sus objetivos concretos. En general, estos parámetros pueden ser:

a) De carácter general, o parámetros que deciden la localización en una provincia o región del país.

b) De carácter particular, o parámetros que deciden la localización en un lugar o sitio de la ciudad.

A modo de ejemplo, dentro de los parámetros de carácter general podríamos citar los siguientes:

- Ubicación geográfica de la demanda de los bienes/servicios a elaborar/prestar.

- Ubicación geográfica de la oferta de materias primas requeridas.

- Ubicación geográfica de la oferta de mano de obra capacitada o con posibilidades de ser adiestrada en el futuro.

- Posibilidades de transporte existentes (aeropuertos, rutas y caminos accesibles).

- Regímenes de promoción industrial establecidos en diferentes lugares del país.

- Fuentes alternativas de energía.

- Existencia de parques industriales.

Y, dentro de los parámetros de carácter particular:

- Disposiciones municipales que prohíben la localización de empresas industriales en determinadas zonas de la ciudad, pero las permiten en otras.

- La existencia de calles, caminos y, en general, vías rápidas de acceso al terreno donde se va a construir, o al edificio ya levantado.

- Agua corriente, cloacas y redes eléctricas que soporten cargas de tipo industrial.

- El precio del suelo.

- La posibilidad de contar con parcelas vecinas que puedan adquirirse para incrementar, en el futuro, la capacidad instalada de producción/operación.

- La existencia de líneas telefónicas.

- Cuando el proceso productivo utiliza maquinarias y equipos cuya operación produce vibraciones, ruidos o emisiones a la atmósfera, es necesario tener en cuenta la existencia de casas próximas al área en la que podría localizarse el complejo.

- El sistema de transporte existente en la ciudad, poblado o área.

- La proximidad de algún tipo de corriente de agua que pueda ser utilizada para eliminar desechos industriales no contaminantes.

- El coste de construcción, variable que también debe analizarse al decidir la localización en el mapa del país (localización general o amplia).

Se pueden definir infinidad de parámetros que influencian en la decisión de localización de una industria, pero se debe intentar buscar aquellos que realmente tienen una influencia sustancial y pueden hacer variar las decisiones. Es por ello que englobamos los parámetros de localización en:

a) Parámetros humanos: capital intelectual / capital humano

b) Parámetros geográficos

c) Parámetros logísticos

d) Parámetros medioambientales

e) Parámetros urbanísticos

10.3.1 Parámetros humanos

La mano de obra, aunque esté perdiendo peso en entornos productivos tecnológicamente desarrollados, suele seguir siendo uno de los factores más importantes en las decisiones de localización, sobre todo para empresas de trabajo intensivo.

En cualquier posible localización, se debe tener en cuenta, pues, que la zona disponga de suficiente capital humano para satisfacer las necesidades de personal de la empresa a implantar. Además de la cantidad de personas, también se debe tener en cuenta su preparación (capital intelectual).

Además, las personas que deban trabajar en la industria han de disponer de una calidad de vida adecuada a sus necesidades. Inciden en ello las posibilidades y el precio de la vivienda, la escuela para los hijos, las zonas con ofertas culturales y de ocio, baja criminalidad, sanidad adecuada, transporte adecuado, clima, etc. Estas cuestiones son tan importantes como la buena resolución de los horarios y los traslados laborales, o la formación de los propios trabajadores y directivos.

La calidad de vida influye en la capacidad de atraer y retener al personal, y resulta más crítica en empresas de alta tecnología o en las dedicadas a la investigación.

Éstos y otros muchos parámetros se pueden enmarcar dentro de lo que se llamaría el bienestar familiar, por lo que se deduce que el salario aun siendo importante, no es el único parámetro a tener en cuenta.

10.3.2 Parámetros geográficos

Características de la zona

Hoy en día, existen normativas de carácter medioambiental y urbanístico que determinan la posibilidad de ubicación de una industria en lugares determinados en función de la actividad que realizan y las cantidades de sustancias peligrosas que fabrican, procesan o almacenan.

Existen, pues, normativas europeas, nacionales, comunitarias y municipales que hacen variar las condiciones y los límites exigibles en cada zona. Por tanto, es indispensable comprobar que la industria a localizar tiene cabida dentro de la clasificación permitida por las diferentes administraciones en una zona determinada.

Así pues, uno de los primeros parámetros a tener en cuenta en la localización es que la normativa vigente en la posible ubicación permita la implantación del tipo de industria que se desea construir.

Además, es necesario comprobar las características de la zona:

- El relieve del terreno, el microclima, la orientación del solar, el régimen de vientos, la vegetación, la existencia de espacios protegidos, las condiciones acústicas. El proceso productivo puede verse afectado por la temperatura, el grado de humedad, etc., que indirectamente pueden incrementar los costes por implemento de calefacción.

- Condiciones tales como inundaciones, temporales marítimos, incendios forestales, erosión o deforestación.

- La existencia o no de aguas superficiales o subterráneas.

Estudio del entorno

Dentro de los parámetros geográficos, es preciso realizar un estudio del entorno dentro del cual se encuentra la estabilidad política y social del país o la región donde se encuentra la posible localización.

La seguridad de las personas es especialmente necesaria si se trata de aconsejar, o no, la inversión industrial en un país con posibilidades de conflicto. Los conflictos pueden ser políticos, sociales, étnicos, religiosos o de cualquier otro tipo. Las condiciones de seguridad de las personas que trabajan en y para la futura industria han de ser las máximas; de lo contrario, la operación está destinada al fracaso a corto término.

Por el contrario, el dinamismo del entorno es un factor a valorar muy positivamente. Es importante que el entorno de la ubicación sea dinámico, porque este mismo dinamismo puede tirar de la industria a implantar en caso de estancamiento.

Además, la proximidad a una universidad que esté dispuesta a incidir en el tejido industrial de la zona o la existencia de un tejido social apto para la industria son una garantía de éxito.

10.3.3 Parámetros logísticos

Las fuentes de abastecimiento

Ciertas empresas pueden ver ventajosa la idea de localizarse próximas a los lugares en los que se obtienen las materias primas o sus proveedores. Las principales razones son:

- Que las materias primas perecederas no se puedan transportar a largas distancias antes de ser procesadas.

- La necesidad de asegurarse el abastecimiento.

- Que sea más fácil o más económico transportar las salidas que las entradas. Por ejemplo, cuando a lo largo del proceso productivo hay una pérdida de volumen y/o peso.

Los medios de transporte

La proximidad a los medios de transporte (carretera, autopista, aeropuerto, puerto, etc.), es también fundamental en la mayoría de las industrias.

- Transporte por agua. Es, en general, el más barato para largas distancias, y resulta adecuado para productos voluminosos o pesados. Al mismo tiempo, es el más lento.

- Transporte por carretera. Básicamente se realiza mediante camiones, aunque esto limite el tipo de carga y el coste sea todavía mayor.

- Transporte por ferrocarril. Es más efectivo que el transporte por agua, ya que puede llegar a lugares que por agua no tienen accesibilidad. Además, se pueden transportar productos de diversos tamaños. Por contrapartida, tiene un coste unitario mayor.

- Transporte aéreo. Es el más rápido de todos y permite reducir tiempo y acortar distancias, pero tiene la desventaja de que es el más caro de todos. Se usa para productos con alto valor añadido, productos perecederos, etc.

Los mercados

La localización de los clientes es también un parámetro importante en algunos casos, por ejemplo, de entrega rápida de los productos.

Por otro lado, la localización de la competencia es también importante, pues algunas veces la existencia de un competidor en una zona puede hacerla inadecuada mientras que otras veces las empresas buscan localizarse cerca de sus competidores con objeto de reforzar su poder de atracción de clientes.

10.3.4 Parámetros medioambientales

El proceso de elección del emplazamiento de una industria tiene una gran importancia, porque en esta fase, se pueden evitar problemas ambientales, reducir la adopción de medidas correctoras posteriores y garantizar el desarrollo de las que se puedan llevar a cabo.

Es necesario realizar un diagnóstico integral del lugar. Para ello, se debe disponer de información sobre el marco legal, los medios físicos y socioeconómicos, las condiciones microclimáticas y energéticas de la zona, etc. También es importante conocer las industrias que se encuentran o se van a asentar en la zona y las actividades que se van a desarrollar.

10.3.5 Parámetros urbanísticos

Tener la propiedad de un solar no quiere decir que dentro de él todo sea posible. Cada solar tiene unas condiciones urbanísticas que definen la cantidad y la ubicación de la construcción que se quiera hacer en ella. Conocer la normativa municipal y sus posibilidades es indispensable.

Los suministros básicos

Los suministros básicos, como el agua y la energía, son especialmente críticos en los complejos industriales, cuando las cantidades requeridas son altas y afectan a los costes.
No todos los solares disponen de las mismas infraestructuras. Conocer la disponibilidad de energía eléctrica o de gas y sus potencialidades puede ser definitivo para la ubicación de una industria.

Las infraestructuras de la telecomunicación, así como los servicios de aguas y su evacuación, han de quedar garantizados desde las primeras decisiones de urbanizar un solar para que éste sea aceptado como candidato a una localización industrial.

Los terrenos y la construcción

La existencia de terrenos donde ubicarse a precios razonables, así como los costes moderados de construcción, son factores adicionales a considerar, pues ambos pueden variar mucho en función del lugar.

Los impuestos y los servicios públicos

La presión fiscal varía entre las diferentes localidades. Si ésta es alta, reduce el atractivo de un lugar, tanto para las empresas como para los empleados. Pero si las tasas son demasiado bajas, pueden ser sinónimo de malos servicios públicos.

Las actitudes hacia la empresa

En general, las autoridades intentan atraer a las empresas a sus dominios, ya que son fuente de riqueza, empleo y contribuciones fiscales. También cuenta la actitud de la comunidad, que puede no coincidir con la de las autoridades, según sea de conformidad o de incomodidad.

El marco jurídico

Las normas comunitarias, nacionales, regionales y locales inciden sobre las empresas, y pueden variar con la localización. Un marco jurídico favorable puede ser una buena ayuda para las operaciones, mientras que uno desfavorable puede entorpecer y dificultar las mismas: restricciones, condiciones medioambientales, permisos de construcción, entre otros.

En la figura 10.1, se incluyen los factores que influyen en la localización industrial, organizados por aspectos.

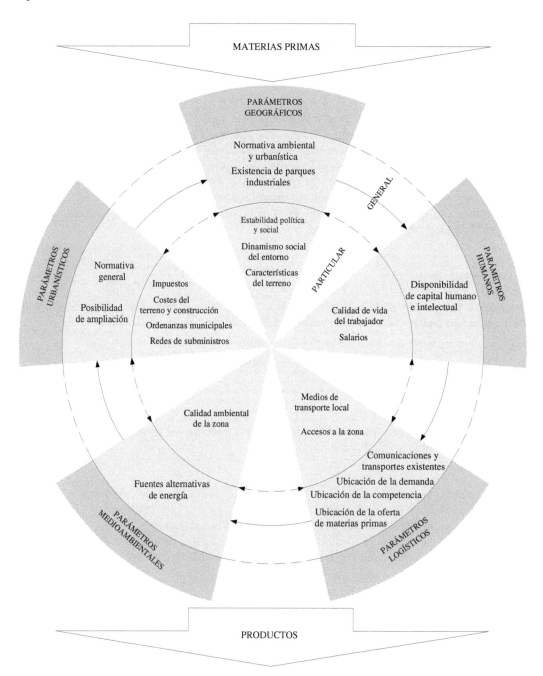

Fig. 10.1 Factores que influyen en la localización industrial

10.4 Elección de la localización

Vistos los parámetros anteriores, se puede huir de la idea típica y muy común de que el precio del suelo es lo más importante a la hora de escoger una ubicación. Éste, aun siendo importante, no es el parámetro decisivo en el momento de tomar una decisión, como tampoco lo es la proximidad a las materias primas si existen unas buenas comunicaciones.

La calidad ambiental es especialmente valorada en todas aquellas industrias que han hecho un esfuerzo para adecuar sus instalaciones a las normativas ambientales existentes.

Las exenciones fiscales y la voluntad de las administraciones por facilitar la implantación de una industria pueden ser factores determinantes en el momento de elegir la ubicación más conveniente.

Así pues, la elección de una localización exacta depende de múltiples factores, que se deben conocer y valorar en función de las necesidades de la industria a implantar (ponderando los que se crean más importantes para cada caso concreto). Evidentemente, la elección óptima será aquella ubicación que mejor se adapte a los requerimientos de la empresa.

10.5 Historia de las teorías de localización industrial

Existen diferentes teorías relacionadas con la localización industrial que intentan definir un modelo a seguir para escoger la ubicación de una industria. Se debe tener en cuenta que cada una está creada en una situación en el tiempo y en un lugar diferentes a los actuales. Aun así pueden ser de gran utilidad. Las teorías que se exponen en este apartado son la base de algunos de los métodos de evaluación que se utilizan actualmente.

- *Johann Heinrich Von Thünen (1826).* Distancia al núcleo central (ciudad central)
- *Weber (1929).* Minimización de los costes de transporte
- *Harold Hotelling (1929).* Modelo de competencia lineal
- *Christaller (1933).* Teoría de los lugares centrales
- *August Lösch (1943).* Teoría general del equilibrio para una economía con un solo bien
- *Melvin L. Greenhut (1956).* Diferencias geográficas relativas a los costes

A continuación, se describen cada una de las diferentes teorías. Cabe tener presentes el momento, el tiempo y el lugar en que surgieron para tener una idea más clarificadora del porqué de dicha teoría.

10.5.1 Johann Heinrich Von Thünen. Distancia al núcleo central

El alemán Johann Heinrich Von Thünen (1783-1850) es considerado el *padre de las teorías de la localización.*

Von Thünen percibía la ciudad como un modelo de economía cerrada, donde la ciudad era el centro y la producción agrícola se concentraba en el exterior de la misma. La agricultura aumentaba de forma concéntrica y, cuanto mayor era la distancia del cultivo al centro de la ciudad, mayor era la producción.

10.5.2 Alfred Weber. Minimización de los costes de transporte

En 1909, el alemán Alfred Weber desarrolló una teoría pura sobre la localización industrial en el espacio. Weber supuso un espacio isotrópico, pero con recursos localizados en un punto y con un mercado en otro punto.

El factor fundamental de esta teoría es la distancia del complejo industrial a los recursos y al mercado. También considera que los costes de producción son los mismos en todas partes. Con estos supuestos, lo ideal es que el complejo se ubique en el lugar donde los costes de transporte estén minimizados. Weber representa su teoría mediante un triángulo, en el cual dos vértices corresponden a los productos que necesita en su elaboración y otro vértice es el lugar de mercado.

Lo normal es que, en la elaboración de cualquier producto, se necesite más de una materia prima, incluso productos elaborados por otras empresas. Weber distingue entre los materiales puros, que se venden tal como se encuentran en la naturaleza, como los tomates, y los materiales brutos, que han experimentado algún tipo de elaboración y han perdido peso, como la madera para realizar muebles.

La crítica más grave que se puede hacer a este modelo es que no tiene en cuenta ni los costes de extracción del recurso, ni las limitaciones y los costes del almacenamiento, dos factores que pueden hacer subir mucho el precio unitario del producto. Tampoco tiene en cuenta, que cuanto mayor sea el valor añadido a un producto, menos depende del transporte para generar plusvalías y crear beneficios.

10.5.3 Harold Hotelling. Un modelo de competencia lineal

En 1929, Harold Hotelling propuso un modelo simple que partía de tres supuestos elementales:

a) Las empresas compiten entre ellas.

b) El producto que se produce es homogéneo.

c) La distribución del mercado es uniforme.

Se trata de un modelo basado en que las industrias se ubican teniendo en cuenta la localización de sus competidores, aunque el resultado no minimice los costes de transporte y, por tanto, no pueda considerarse un resultado racional desde una perspectiva de planificación.

10.5.4 Walter Christaller. Teoría de los lugares centrales

Christaller desarrolló una teoría identificando dos grandes principios que explicaban las localizaciones de las ciudades y de sus alrededores.

a) La distancia que están dispuestos a recorrer los consumidores a fin de satisfacer sus necesidades varía en función del bien o servicio en cuestión, de su coste y frecuencia de uso.

b) Las empresas se instalan donde tienen seguridad de una demanda mínima, ya sea producida por la población de la localidad o por aquellos consumidores que se desplazan desde otras localidades. Esto explicaría por qué los polígonos industriales se sitúen cerca de las ciudades.

La teoría de este autor no fue bien entendida porque se ignoraba la distribución desigual de los recursos naturales. Si se enfoca desde el punto de vista de los polígonos industriales, se pueden observar diversas características que se dan hoy en día y ratifican las ideas de la teoría.

- Existe un conjunto de polígonos que suelen tener un lugar central. Este lugar central provee de bienes y servicios a los habitantes del área en cuestión.

- Las áreas varían en función de cuál sea el bien o servicio.

- Los consumidores/empleados intentan minimizar las distancias en el momento de satisfacer sus necesidades.

10.5.5 August Lösch. Aportaciones a una teoría general de la localización

El modelo de August Lösch se basa en un equilibrio de los dos puntos siguientes:

a) Los productores buscan la mayor ganancia individual y los consumidores quieren acceder a mercados en los que los precios sean más bajos.

b) Existe competencia entre productores de un mismo tipo de industria.

Los supuestos en que se basa son los siguientes:

- Distribución uniforme en el espacio de las materias primas industriales y de la población.

- Facilidades de transporte en todas las direcciones.

- Homogeneidad en las preferencias de los consumidores.

- No se consideran costes.

Por consiguiente, el modelo de Lösch define:

- La localización de cada productor industrial ha de ser óptima, con el fin de maximizar beneficios.

- El número de empresas y polígonos ha de ser suficientemente grande para ocupar todos los nichos del mercado.

- El precio de fábrica ha de igualar el coste medio.

- A los consumidores que estén situados en las áreas de los límites del mercado les es indiferente comprar en cualquiera de las dos empresas que tienen más cerca.

Por tanto, todas las empresas de los polígonos industriales tendrían los mismos costes al margen de su localización; las áreas de mercado serían las mismas, así como los costes de transporte.

El principal inconveniente de esta teoría es que presupone una homogeneidad espacial, algo que no se da en la realidad.

10.5.6 Melvin L. Greenhut. Diferencias geográficas debido a los costes

Greenhut intentó determinar las condiciones de equilibrio locacional partiendo de la base de que los costes varían, que las empresas intentan maximizar sus beneficios y que la influencia de la demanda se ve afectada por una interdependencia colectiva.

A medida que van entrando más empresas en el mercado en cuestión, se produce una variación del coste y de la demanda que puede abastecer cada empresa. Estas nuevas empresas se instalarán obviamente, donde sus beneficios sean los más elevados posibles, con lo que éstos descenderán y tenderán a igualarse en todos los lugares y se producirá así un equilibrio locacional. Esta situación de equilibrio solamente se puede modificar si existen cambios en los costes o en la demanda, lo cual afectará al número de empresas y provocará relocalizaciones, con el fin de buscar lugares donde ésta sea más elevada.

El planteamiento de Greenhut es más general que el de Lösch y prevé que los costes sean diferentes en un lugar u otro, y que la entrada de nuevas empresas al mercado los altere. Asimismo, prevé localizaciones alternativas para una industria formada por muchas empresas. Pero el supuesto de que una nueva empresa se sitúe cerca de otra empresa ya existente no tiene por qué implicar que las empresas productoras de un bien homogéneo se deban situar sobre el territorio de manera regular.

10.6 Métodos de evaluación de las alternativas de localización industrial

Las teorías de localización han evolucionado, y hoy en día se considera que la elección de la localización industrial depende de múltiples aspectos, tal como se explica en el apartado 10.3.

En función de los aspectos que se consideran, existen varios métodos de evaluación de las alternativas de localización basados en las teorías antes descritas, pero ninguno de ellos proporciona la localización óptima, sino alternativas aceptables teniendo en cuenta las necesidades de la empresa.

Para la evaluación de las distintas alternativas de localización influyen muchos factores, y normalmente las consecuencias de las decisiones son a largo plazo.

Los métodos más conocidos y utilizados son:

   a) Método de análisis de ingresos y costes.
   b) Método del centro de gravedad.
   c) Método de los factores ponderados.

10.6.1 Método de análisis de ingresos y costes

Este método se basa en analizar los costes totales de cada una de las alternativas de localización en función del volumen de producción, de tal modo que se pueden obtener distintas localizaciones según el volumen de producción.

$$CT = CF + CV$$

$$CV = CVu * V$$
$$CT = CF + CVu * V$$

donde: CT: costes totales
CF: costes fijos
CV: costes variables
CVu: coste variable unitario
V: volumen de producción obtenido

En la figura 10.2, se muestra un ejemplo de evaluación de alternativas de localización mediante el método de análisis de ingresos y costes. Para cada localización, A, B y C, obtenemos una recta. Dependiendo del volumen de producción, deberemos escoger una localización u otra. Para volúmenes inferiores a V_1, la alternativa A es la mas económica. Para un volumen de producción entre V_1 y V_2, escogeríamos la alternativa B, mientras que para volúmenes mayores que V_2 escogeríamos la alternativa C.

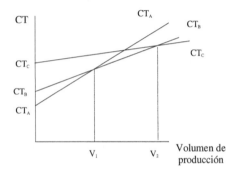

Fig. 10.2 Ejemplo de evaluación de alternativas de localización mediante
el método de análisis de ingresos y costes

10.6.2 Método del centro de gravedad

Este método sólo tiene en cuenta la ubicación de las materias primas y los mercados, pues se basa en minimizar los costes de transporte de las materias.

$$CTT = \Sigma c_i * v_i * d_i$$

donde: CTT: coste total del transporte
c_i: costes unitarios del transporte
v_i: volumen del material
d_i: distancia recorrida
x_i, y_i: coordenadas de situación de las materias, los mercados

Para obtener la localización de la industria por este método, se ubican en un plano la situación de las materias primas y de los mercados y su ubicación se referencia respecto a unos ejes de coordenadas.

Según el método del centro de gravedad, se debe localizar la industria en el centro de gravedad de las materias primas y los mercados. Las coordenadas de este centro de gravedad (cdg) se obtienen de la expresión siguiente:

$$X = \frac{\sum c_i * v_i * x_i}{\sum c_i * v_i} \qquad Y = \frac{\sum c_i * v_i * y_i}{\sum c_i * v_i}$$

En la figura 10.3, se muestra un ejemplo de evaluación de alternativas de localización mediante el método del centro de gravedad.

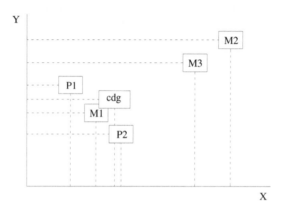

Fig. 10.3 Ejemplo de evaluación de alternativas de localización mediante el método del centro de gravedad

10.6.3 Método de los factores ponderados

Este método combina factores cuantificables con factores subjetivos, que se valoran en términos relativos.

La etapa inicial del estudio debe realizarse seleccionando sólo las localizaciones que cumplan requisitos mínimos. También se deben seleccionar los factores de localización propios de la industria.

Para escoger la localización de la industria mediante el método de los factores ponderados se deben seguir los pasos siguientes:

1. Determinar una relación de los factores relevantes. Éstos dependerán de las necesidades de cada industria.
2. Asignar un peso a cada factor que refleje su importancia relativa.
3. Fijar una escala a cada factor (por ejemplo, 1-10 o 1-100 puntos).
4. Hacer que los directivos evalúen cada localización para cada factor.
5. Multiplicar la puntuación por los pesos para cada factor y obtener el total para cada localización.
6. Hacer una recomendación basada en la localización que haya obtenido la mayor puntuación, sin dejar de tener en cuenta los resultados obtenidos a través de los métodos cuantitativos.

En la tabla 10.1, se expone un ejemplo de la evaluación de varias alternativas de localización mediante este método. En este ejemplo, la mejor localización será la B porque es la que obtiene una puntuación más elevada.

Tabla 10.1 Ejemplo de evaluación de alternativas de localización mediante el método de los factores ponderados

FACTORES	PESO	LOCALIZACIONES			
	%	A	B	C	D
Distancia a clientes	20	7	10	10	7
Distancia a proveedores	20	7	9	6	7
Infraestructuras de comunicación	15	9	9	9	8
Normativas ambientales	2	7	7	7	7
Proximidad a los centros de formación	5	7	10	8	6
Amplio mercado de trabajo	10	6	10	7	6
Zona industrial	2	10	10	10	9
Precio del terreno	20	5	4	4	7
Política fiscal	6	6	4	5	7
100					
MEDIA ARITMÉTICA		6,8	8,0	7,1	7,0

11 Polígonos industriales

11.1 Introducción

En la actualidad, las actividades industriales tienen mucha importancia porque son el principal impulsor del desarrollo económico de un país. Así pues, el nivel de industrialización de una región es un factor que tiene una gran influencia en la economía, hecho que provoca que algunas comunidades autónomas tengan una mayor riqueza que otras. Por este motivo, muchas poblaciones valoran de manera positiva la implantación de industrias a su alrededor.

Esta visión ha causado, a lo largo de los años, la aparición de grandes núcleos industriales (polígonos) cercanos a las zonas residenciales.

Con el paso del tiempo, los paisajes industriales han cambiado. Se ha pasado de viejos y grises polígonos a modernos parques empresariales y centros tecnológicos, con construcciones más estéticas y con menos impacto medioambiental.

11.2 Características de los polígonos industriales

Un polígono industrial se puede definir como:

"Un sector de una zona urbanizada en el que se asientan diversas industrias y que posee las instalaciones básicas y necesarias, así como un diseño correcto de sus viales, para poder llevar a cabo las diferentes actividades industriales, facilitar el crecimiento de las industrias y minimizar el impacto en el ambiente."

Los polígonos industriales son áreas específicas construidas para la actividad industrial, con diversas infraestructuras para facilitar el crecimiento de las industrias y minimizar el impacto ambiental. Las infraestructuras pueden incluir redes viarias, instalaciones, tratamiento de residuos, etc.

a) *Sistema viario*: El sistema viario de un polígono industrial ha de diseñarse y dimensionarse teniendo en cuenta los puntos siguientes:

- Ha de asegurar un enlace con el exterior que comunique las vías principales con la vía de circulación a la cual vierte el tráfico el polígono.

- Ha de dar acceso fácil a todas las parcelas que constituyen el polígono.
- Los accesos al polígono han de estar diseñados para que interrumpan lo menos posible el tráfico de la vía a la que enlazan.
- Las vías han de estar diseñadas en función del posible tráfico de entrada al polígono y del posible tráfico generado por cada una de las parcelas.
- Las aceras han de estar diseñadas con la misión de canalizar el tráfico de peatones.
- Las vías han de estar dimensionadas con unos radios de encuentro de calles suficientemente amplias para que los bordillos no sean dañados por el giro de camiones articulados de gran longitud.
- Las calzadas y aceras han de estar diseñadas con un pendiente que facilite la evacuación del agua pluvial.

b) *Infraestructuras de accesibilidad.* Todo polígono ha de disponer de unos buenos y correctos accesos a su interior, que faciliten el transporte de los materiales sin problema alguno y estén en buenas condiciones para la libre circulación, evitando situaciones conflictivas de atasco en las horas de máxima afluencia.

c) *Sistema de agua.* El objetivo de la red de agua es abastecer a todas las parcelas del polígono con una cantidad de agua que se determina aproximadamente en base a unas estadísticas basadas en experiencias anteriores, que en el momento de dimensionar la red de abastecimiento no se conoce el tipo de industrias que se van a establecer dentro el polígono. Dentro del sistema de agua, se deben prever las salidas contra incendios (hidrantes) situadas a lo largo de las calles.

d) *Red de alcantarillado sanitario.* Otra de las infraestructuras necesarias en los polígonos industriales es el sistema de alcantarillado sanitario. Éste ha de alcanzar la totalidad del polígono industrial con el fin de recoger el agua sanitaria. Esta agua, una vez ha pasado al sistema de alcantarillado común, se dirige generalmente hacia una planta de tratamiento de aguas construida en el propio polígono, en el municipio o en la misma empresa que vierte el agua. Los sistemas de alcantarillados han de estar diseñados en base a la generación del agua que se producirá y los picos que se puedan dar en cada una de las áreas del polígono, basándose en la historia anterior sobre empresas y polígonos con características similares.

e) *Sistema de alcantarillado de aguas procedentes de lluvias.* Es característico que todas las calles posean una inclinación y un canalón con el fin de recoger agua procedente principalmente de inclemencias meteorológicas. Este sistema se instala con el fin de que exista un drenaje correcto de la superficie en las áreas desarrolladas, pues lógicamente el asfalto no absorbe el agua procedente de la lluvia. Los sistemas de alcantarillados se diseñan a partir de la lluvia que se ha generado en los últimos cinco años, en que la intensidad es función del tiempo y la concentración varía según la base de drenaje.

f) *Energía eléctrica y comunicaciones.* En un polígono industrial, tenemos dos tipos de distribuciones eléctricas, la de baja tensión (BT) y la de media tensión (MT). Tal como se ha mencionado en el capítulo 8, las empresas pueden contratar la energía eléctrica a BT o MT, en función de la potencia necesaria. Cuando la industria ha identificado sus necesidades, entonces se pide la potencia y tensión a contratar a la compañía eléctrica. Las líneas dentro del polígono pueden ser aéreas o bien enterradas. Generalmente, en los países desarrollados se está optando por enterrar este tipo de líneas de distribución de energía eléctrica. En el dimensionado de la red eléctrica, también se deben tener en cuenta el alumbrado de las vías, la conexión telefónica, sistemas como la banda ancha, ADSL, etc.

g) *Instalaciones de gas.* Otra de las infraestructuras que han de tener los polígonos hoy en día son las de gaseoductos o de distribución de gas a través de conductos por el polígono industrial, pues las industrias también utilizan esta fuente de energía para realizar los procesos industriales.

h) *Instalaciones relativas a temas medioambientales.* En muchas ocasiones, no se toman referencias medioambientales respecto a las medidas internas de medio ambiente en los polígonos industriales en su fase de construcción, sino que se prefiere actuar cuando el polígono ya se encuentra construido, dejando escapar así un enfoque preventivo. A menudo, la dirección del polígono industrial no es consciente de que la forma de plantear su control medioambiental difiere de los planteamientos de las empresas por separado, pues algunos problemas deben resolverse con un enfoque colectivo y no individual. El reto consiste en optimizar los costes y beneficiar con ello a todos los agentes implicados, tanto dentro del propio emplazamiento como en las comunidades colindantes.

En la figura 11.1, se presenta un esquema de los principales impactos ambientales en los polígonos industriales.

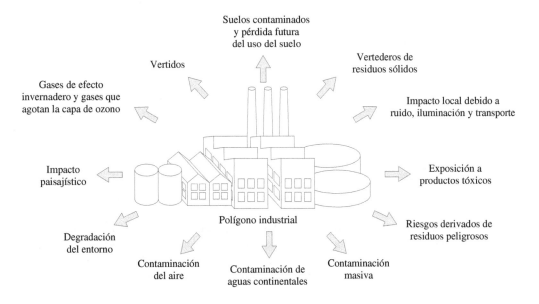

Fig. 11.1 Impactos ambientales

El principal impulso de la gestión sostenible en los polígonos industriales se ha concentrado en una mayor optimización e interconexión de los procesos de fabricación aislados: la creación de sinergias a partir de la mejor gestión de los flujos de residuos, que pretende acercar el sistema a un punto en el que las emisiones tiendan a cero.

En la figura 11.2, se puede observar un ejemplo de cómo es posible la gestión sostenible de un polígono industrial.

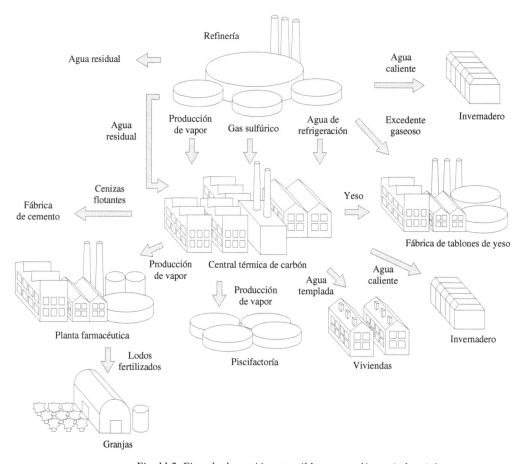

Fig. 11.2 Ejemplo de gestión sostenible en un polígono industrial

i) Otras infraestructuras. No siempre, todos los edificios que integran un polígono industrial son propiamente industrias químicas, papeleras, etc. Existe un número elevado de servicios y edificios que no tienen nada que ver con lo que propiamente es industrial. Existe también un gran número de edificios que conforman un apartado de ocio en la sociedad:

- sucursales bancarias
- restaurantes de comida rápida
- discotecas
- escuelas
- instalaciones deportivas
- centros comerciales para la venta al público

- gasolineras
- ferias ambulantes
- cines
- boleras
- restaurantes que no pertenecen a cadenas de comida rápida
- centros comerciales de venta al por mayor
- etc.

11.3 Ventajas y limitaciones de los polígonos industriales

El hecho de concentrar las industrias en polígonos industriales resulta positivo en algunos aspectos, pero también tiene algunos aspectos negativos. La planificación urbanística ha de analizar las ventajas y limitaciones de cada una de las zonas y prever los espacios idóneos para ubicar los polígonos industriales. A continuación, se enumeran las ventajas y las limitaciones generales de ubicar un polígono industrial en un espacio determinado:

Ventajas de los polígonos industriales:

- Generalmente, se trata de zonas aisladas respecto a la ciudad, lo que disminuye el grado de contaminación en el núcleo urbano.

- La contaminación se encuentra más delimitada, por lo que es más fácil controlarla.

- En el caso de encontrarse empresas y proveedores dentro del mismo polígono, se reducen los gastos de transporte y logística.

- Provoca un crecimiento económico para la zona y su riqueza se incrementa.

- La tasa de paro de la zona suele verse reducida porque muchas de las empresas instaladas en el polígono dan trabajo a los habitantes de poblaciones cercanas.

- Se puede dar el caso de simbiosis entre empresas del mismo polígono, que así aumentan sus ventajas competitivas por medio del intercambio de materiales, energía, agua y, en ocasiones, subproductos.

- Se reduce la contaminación si se llevan a cabo estrategias entre empresas, como puede ser un sistema en el que los residuos de una empresa se conviertan en la materia prima de otra.

- Se pueden crear también estrategias entre las empresas para la utilización eficiente de la energía y el agua.

Limitaciones de los polígonos industriales:

- En el momento del cierre de varias factorías, la tasa de paro de la población cercana se ve afectada y aumenta.

- El área a desforestar para la urbanización del sector aumenta en el caso de que anteriormente hubiera zona arbolada.

- Para llevar a cabo los diferentes procesos industriales, el consumo de electricidad, agua, gas, etc. aumenta.

- La urbanización y la construcción de los complejos industriales ocasiona impactos ambientales, estéticos, etc.

- Al tratarse de nuevas zonas industrializadas alejadas de centros urbanos, el transporte público es limitado y ello provoca el uso obligatorio de vehículos propios para llegar a las instalaciones.

- La contaminación de la zona aumenta.

11.4 Gestión de los polígonos

Los polígonos industriales obviamente deben gestionarse para el funcionamiento correcto de los mismos. Esta gestión puede plantearse desde diferentes puntos:

- Que el ayuntamiento sea el que realiza el mantenimiento de la zona, la limpieza de residuos generados, etc., y los propietarios paguen una tasa por este mantenimiento directamente al ayuntamiento.

- Que el ayuntamiento venda los terrenos a los propietarios de las empresas con el fin de que construyan sus naves o las alquilen, y se desentienda de toda gestión del polígono, y sean los propietarios los involucrados en la gestión y el mantenimiento de los polígonos, formando así asociaciones semejantes a las asociaciones de vecinos de las zonas residenciales o formando comunidades.

- Que el ayuntamiento venda el suelo a una constructora, y ésta sea ahora la propietaria del área por donde discurre el polígono y venda las naves a terceras personas; en este caso, el constructor del polígono es el responsable del correcto funcionamiento de la gestión y del mantenimiento del mismo.

11.5 Tipologías de polígonos

En función de sus características, los polígonos industriales se pueden clasificar en:

a) Polígonos basados en la producción.
b) Complejos tecnológicos de alta tecnología.
c) Polígonos de logística o parques logísticos.

11.5.1 Polígonos basados en la producción

Éste es el tipo mayoritario de polígonos industriales. Son polígonos que se destinan a la producción masiva de piezas, productos, etc.

En la figura 11.3, se reproduce una fotografía aérea de un polígono industrial. Se puede observar su situación alejada de las zonas urbanas.

Fig. 11.3 Fotografía aérea de un polígono industrial.

El ejemplo más destacado de polígono basado en la producción en el área metropolitana de Barcelona es el polígono industrial de la Zona Franca.

El *polígono industrial de la Zona Franca* ocupa unas 600 hectáreas, situadas entre la montaña de Montjuïc, el río Llobregat y el puerto de Barcelona, superficie que equivale a un 6 % del territorio de Barcelona. En la figura 11.4, se puede observar una fotografía aérea de la situación del polígono industrial de la Zona Franca.

En las 250 empresas de este polígono industrial trabajan más de 43.000 personas, lo que implica un 1% de la población activa catalana. Además, este polígono da trabajo de forma indirecta a más de 275.000 personas.

La situación geográfica del polígono industrial de la Zona Franca, y la falta de vías de comunicación desde su entorno urbano, dificulta su acceso con transporte público. Sin embargo, el hecho de ser un espacio totalmente plano y tener unas dimensiones asequibles permite que la movilidad interna se pueda realizar sin ninguna dificultad, a pie o en bicicleta.

Una de las conclusiones que se pueden extraer es que el uso del vehículo privado es imprescindible para acceder a ellos en la mayor parte de los polígonos industriales. Esta situación no sólo se da en polígonos industriales pequeños, sino también en grandes polígonos, como el de la Zona Franca, pues, a pesar de ser un de los más grandes de Europa y dar empleo a más de 43.000 personas, todavía tiene una red de transporte público limitada.

11.5.2 Complejos tecnológicos de alta tecnología

Estos complejos industriales se caracterizan porque engloban una alta densidad de industrias consideradas de alta tecnología y servicios avanzados, así como centros de investigación y enseñanza superior, lo que supone la generación de un alto potencial innovador.

El principal indicador utilizado para establecer su localización suele ser la presencia de empresas relacionadas con ramas como la telemática (electrónica-informática-telecomunicaciones), los instrumentos de precisión, la aeronáutica, el material eléctrico o la industria químico-farmacéutica, junto con servicios relacionados con el tratamiento de información.

No se considera, en cambio, un concepto vinculado necesariamente a una estructura empresarial característica (predominio de grandes empresas o pymes, de firmas locales o transnacionales...), ni que exija un determinado nivel de interrelaciones o sinergias entre las empresas e instituciones del área, que pueden aparecer en grados muy diversos, según los casos.

Buena parte de los estudios realizados en los años ochenta centraron su atención en Estados Unidos, concediendo especial atención al Silicon Valley californiano, considerado como el principal complejo de alta tecnología existente en ese momento. Se trata de un área productiva situada en el condado de Santa Clara, próxima a San Francisco, donde, a partir de los años cincuenta y a partir de la creación del Stanford Research Park, se registró un espectacular crecimiento de la industria microelectrónica e informática, con la instalación de 1.700 empresas en las tres décadas siguientes que permitieron la creación de más de medio millón de empleos, al tiempo que aumentaba la población residente en el valle desde los 200.000 habitantes de 1940 al millón y medio de 1980, y se generaba una compleja red de vínculos entre las diferentes firmas que sirvió como cimiento a un proceso de innovación ininterrumpido.

Aunque los primeros estudios insistieron en la relativa dispersión de esta clase de industrias, que en el caso estadounidense aparecen tanto en el Cinturón Manufacturero del Nordeste, como en las regiones meridionales del Sunbelt (de California a Florida) y algunas áreas del Medio Oeste (Denver, Phoenix...), una mayor información ha permitido luego constatar su preferencia por algunas grandes áreas urbano-metropolitanas y, dentro de ellas, por espacios suburbanos de alta calidad ambiental y social. De este modo, metrópolis como París, Londres, Tokio, Munich, Milán o Los Ángeles se sitúan en posiciones de privilegio dentro de sus respectivos países, si bien la tendencia no es extrapolable a otras metrópolis situadas en regiones aquejadas por un agudo declive de sus actividades productivas tradicionales (Nueva York, Detroit, Hamburgo, Lille, Birmingham...).

En el caso español, la fuerte concentración espacial de la industria de alta tecnología se mantiene casi invariable con el paso del tiempo y, según el Instituto Nacional de Estadística, en el año 2005 las comunidades autónomas de Cataluña (24,05 %) y Madrid (15,46 %) concentraban la mayor parte de las industrias tecnológicas con un alto grado de innovación, seguidas de la Comunidad Valenciana (12,95% y Andalucía (11,45 %).

La justificación de ese indudable atractivo que mantienen las metrópolis se justifica por el elevado volumen de economías externas de aglomeración, que se derivan de la concentración que presentan de:

- Una mano de obra abundante, cualificada y diversificada.

- Todo tipo de servicios y equipamientos (empresariales, financieros, educativos...), junto con la presencia de universidades y centros de investigación que proveen de asistencia técnica y pueden ser origen de iniciativas empresariales.

- Unas infraestructuras de transporte y telecomunicación que facilitan una buena conexión con las redes nacionales e internacionales, mejorando la accesibilidad, junto con las infraestructuras logísticas que favorecen su posición como centros redistribuidores de mercancías.

- La proximidad a un gran número de empresas, lo cual facilita tanto el mantenimiento de relaciones como el intercambio de información.

Pero la industria de alta tecnología es también una de las que han segmentado en mayor medida sus procesos productivos, con el traslado hacia áreas de bajos costes de muchas tareas de fabricación estandarizadas y que demandan trabajadores manuales poco cualificados. Ese desplazamiento contribuye a ofrecer una imagen inicial de relativa dispersión, que sólo adquiere significado cuando se diferencian el rango y el valor de los procesos y productos realizados en cada lugar. El ejemplo que ofrece el sector informático, que tiende a dispersar la fabricación de componentes y el ensamblaje de ordenadores (hardware), mientras mantiene una localización mucho más concentrada de los centros que se dedican a la producción de software (diseño de circuitos, programas, sistemas...), es buen exponente de esa disociación.

Un ejemplo de complejo tecnológico de alta tecnología es el Parc Tecnològic del Vallès. Se encuentra localizado en la comarca del Vallès Occidental, lugar propicio para el desarrollo industrial y tecnológico gracias a su localización, y sus accesos y comunicación. El crecimiento científico y tecnológico de la zona en los últimos años ha ido acompañado de un incremento de las infraestructuras de las zonas colindantes, como puede ser la AP-7, que enlaza con Europa o el resto de España, comunicación ferroviaria y aeropuertos cercanos. Su localización tiene una gran historia centenaria, e incluye diversos tipos de sectores, como pueden ser el alimentario, el metalúrgico, el químico, el farmacéutico, el de la automoción, el aeroespacial o bien el de las tecnologías de la información.

Este parque tecnológico está orientado a las empresas basadas en el conocimiento, nuevos emprendedores que deseen empezar una actividad empresarial en este ámbito y a cualquier otro tipo de iniciativa, tanto pública como privada, que tenga una clara voluntad innovadora.

Como hecho remarcable, las empresas que desean instalarse en el parque han de disponer de departamentos propios de I+D, y estar dispuestas a realizar algunas de las actividades en el parque o llevarlas a cabo a medio plazo.

11.5.3 Polígonos de logística o parques logísticos

Otro tipo de polígonos son aquellos cuya función principal es la localización de empresas logísticas en unas áreas bien comunicadas con las principales arterias que llevan a las ciudades importantes.

Este tipo de polígonos se denominan *centrales integrales de mercancías* (CIM), y se rigen por una comunidad logística formada por las empresas instaladas, denominadas supracomunidades de propietarios que garantizan el buen funcionamiento del polígono, el mantenimiento de las instalaciones y los servicios comunes de vigilancia y limpieza, mantenimiento, jardinería, etc.

Algunos ejemplos de polígonos logísticos son el polígono CIM Vallès y el polígono CIM Lleida.

El polígono *CIM Vallès* es una central de logística que se encuentra situada en el municipio de Santa Perpètua de la Mogoda a 18 km al norte de Barcelona, el cual abastece a la zona del Vallès. La zona industrial cuenta con 442.000 m^2 e incluye servicios de transporte, revisión, mantenimiento y reparación de los vehículos, etc. CIM Vallès ha establecido un compromiso con el medioambiente. Para ello se realizan controles de emisión de gases, recogidas selectivas de residuos; dispone de grupos electrógenos propios, etc.

Por otra parte, el *CIM Lleida* es la plataforma logística más importante de la zona de Lleida. Dispone de 42 hectáreas y está situada en el término municipal de Lleida, en la zona industrial de la ciudad, junto a los polígonos del "Segre" y del "Camí dels Frares".

Aparte de las centrales integrales de mercancías (CIM), existen las zonas de actividades logísticas (ZAL). Las ZAL son zonas industriales o de actividades económicas dedicadas exclusivamente a la logística de mercancías multimodales, en cuanto a modos de transporte. De este modo, en una misma infraestructura se ofertan equipamientos para el almacenamiento y la logística e instalaciones específicas para el transporte terrestre, ferroviario y marítimo. Sus características principales son la dualidad de carácter: de una parte, instalaciones más servicios y de otra operador integrado de desarrollo logístico.

Algunos ejemplos son la *ZAL del puerto de Barcelona*, la *ZAL de Sevilla* o la *ZAL del puerto de Valencia*.

12 Aspectos básicos del urbanismo industrial

12.1 Introducción

Una vez se ha escogido la zona donde ubicar la nueva implantación, se debe seleccionar (comprar o alquilar) la parcela donde construir. Existen, pues, una serie de condicionantes que hacen que cada parcela pueda ser diferente y así modificar su grado de idoneidad. Es importante tener en cuenta que ser propietario de un solar no quiere decir que se pueda edificar libremente en su interior.

Cada solar tiene unas condiciones urbanísticas que limitan la cantidad de la edificación y definen su ubicación en el interior (urbanismo industrial). Estas condiciones urbanísticas se establecen en las ordenanzas de la edificación que son competencia de cada municipio. Así, antes de tomar cualquier decisión al respecto, se debe comprobar que las necesidades de la industria a implantar sean compatibles con los condicionantes de las ordenanzas municipales que permiten edificar en el solar estudiado.

Para definir la estructura territorial, es decir, determinar dónde se puede construir y bajo qué condiciones, es necesario llevar a cabo la planificación urbanística del territorio. Para ello, se han creado una serie de figuras de planeamiento urbanístico que clasifican el suelo según la posibilidad de ser edificado o no, con el objetivo de ordenar el territorio de un modo sostenible.

Una vez definidas la estructura territorial y las características de cada zona (tipos de suelo, parámetros urbanísticos, etc.) por parte de la Administración, se puede iniciar el proceso de implantación del complejo industrial en la parcela escogida, teniendo siempre presentes todos los condicionantes urbanísticos de ésta.

Finalmente, para estar en condiciones de edificar en una parcela, el propietario o inquilino de la misma debe solicitar la licencia urbanística para que se pueda comprobar que cumple con todos los condicionantes de la zona.

12.2 Aproximación histórica al urbanismo

El desarrollo del urbanismo industrial parte de las concentraciones artesanales que existían en la Edad Media donde los oficios se agrupaban por zonas y daban lugar a calles o barrios de diferentes oficios. Estas primeras ordenaciones se estructuraban alrededor de castillos y ríos. A medida que las ciudades fueron creciendo, empezó a ser necesaria una organización más estudiada. A finales del siglo XVIII y principios del XIX, llega la Revolución Industrial y aparece el nuevo concepto de fábrica; pero, aún así, las industrias se implantan de forma desordenada.

No es hasta fechas muy recientes que aparece una idea clara de planificación relacionada con factores sociológicos y económicos, que son los que, fundamentalmente, motivan y justifican el urbanismo. A partir de la primera Ley del suelo de 1956 se van promulgando nuevas leyes que mejoran y clarifican las anteriores.

Actualmente, las competencias urbanísticas en España se han repartido entre el Gobierno central, las comunidades autónomas y los ayuntamientos. Ellos deciden hacia dónde ha de crecer un territorio y qué características es necesario que tenga.

12.3 Clasificación del suelo

En la actualidad y según el urbanismo, para ordenar el territorio de un modo sostenible el suelo se clasifica en urbano, urbanizable y no urbanizable.

12.3.1 Suelo urbano

Se considera *suelo urbano* aquél que:

a) El planeamiento urbanístico considera por el hecho de contar con acceso rodado, abastecimiento de agua, suministro de energía eléctrica y evacuación de aguas. Estos servicios han de presentar las características adecuadas para servir a la edificación que exista o se haya de construir.

b) Tiene su ordenación consolidada debido a que la edificación ocupa, como mínimo, las dos terceras partes del espacio edificable definido por la ordenación establecida en el planeamiento general correspondiente.

El simple hecho de que el terreno confronte con carreteras y vías de conexión interlocal y con vías que delimitan el suelo urbano no comporta que el terreno tenga la condición de suelo urbano.

En algunos casos, el suelo urbano no es automáticamente apto para edificar, debido a que el planteamiento general lo somete a actuaciones de transformación urbanística incorporándolo en programas de actuación urbanística.

12.3.2 Suelo urbanizable

Constituyen el suelo urbanizable los terrenos que el plan de ordenación urbanística municipal correspondiente considere necesarios y adecuados para ser urbanizados, para garantizar el crecimiento de la población y de la actividad económica.

El suelo urbanizable ha de ser cuantitativamente proporcionado a las previsiones de crecimiento de cada municipio y permitir, como parte del sistema urbano o metropolitano en que se integra, el despliegue de programas de suelo y de vivienda.

12.3.3 Suelo no urbanizable

Se considera suelo *no urbanizable*, los terrenos que:

a) Están sometidos a algún régimen especial de protección incompatible con su transformación, de acuerdo con los planes de ordenación territorial o la legislación sectorial, en razón de sus valores paisajísticos, históricos, arqueológicos, científicos, ambientales o culturales, de riesgos naturales acreditados en el planeamiento sectorial, o en función de su sujeción a limitaciones o servidumbres para la protección del dominio público.

b) El planeamiento general considere necesario preservar por:

- su valor agrícola, forestal o ganadero;
- las posibilidades de explotación de sus recursos naturales, de sus valores paisajísticos, históricos o culturales, y
- la defensa de la fauna, la flora o el equilibro ecológico.

12.4 Figuras de planeamiento urbanístico

Para definir la estructura territorial, es necesario llevar a cabo la planificación urbanística del territorio. Ésta trata de integrar y conciliar dos tipos de objetivos: los funcionales y los ideológicos. Los funcionales intentan controlar y organizar de manera eficaz la producción y del consumo masivo de bienes y servicios dentro de la estructura económico-social existente, mientras que los ideológicos intentan establecer una racionalización de los mecanismos económicos y políticos para evitar conflictos sociales de gravedad y mantener el orden de valores establecido por el sistema político.

Para llevar a cabo la planificación urbanística del territorio, se han creado una serie de figuras de planeamiento urbanístico. Estas figuras están formadas por:

- planes directores
- planes de ordenación urbanística municipal
- normas complementarias
- programas de actuación urbanística
- planes parciales
- planes especiales urbanísticos
- catálogos
- ordenanzas municipales

12.4.1 El plan director

El plan director establece las exigencias del desarrollo regional y las directrices para la ordenación del territorio. En base a estos objetivos, contiene las determinaciones siguientes:

- El esquema para la distribución geográfica de los usos y las actividades a que debe destinarse prioritariamente el suelo afectado.

- Las determinaciones sobre el desarrollo urbanístico sostenible, la movilidad de personas y mercaderías y el transporte público, en coordinación con la planificación económica y social para el mayor bienestar de la población.

- Las medidas de protección a adoptar en orden a la conservación del suelo y, de los demás recursos naturales, y a la defensa, la mejora, el desarrollo o la renovación del medio ambiente natural y del patrimonio histórico.

- La concreción y la delimitación de las reservas de suelo para las grandes infraestructuras, como las redes viarias, hidráulicas, ferroviarias, energéticas, portuarias, aeroportuarias, de saneamiento y abastecimiento de agua, de telecomunicaciones, de equipamientos y otras similares.

12.4.2   El plan de ordenación urbanística municipal

El plan de ordenación urbanística municipal (POUM) o plan general municipal de ordenación es el instrumento de ordenación integral del territorio y puede abarcar uno o varios términos municipales.

En función de las necesidades y peculiaridades municipales y de la estrategia que defina cada ayuntamiento, puede ser más o menos complejo.

Todo municipio ha de contar con un plan de ordenación urbanística municipal, limitado al término municipal o de forma que contenga diversos municipios.

Los planes de ordenación urbanística municipal tienen por objeto:

- Clasificar y calificar urbanísticamente el territorio en los distintos tipos de suelo definidos y en los ámbitos o superficies necesarias, en función de los objetivos de desarrollo y la complejidad urbanística del municipio.

- Definir el modelo de implantación urbana y las determinaciones para el desarrollo urbanístico sostenible.

- Definir el sistema general de espacios libres públicos y de equipamiento comunitario.

- Definir la estructura general a adoptar para la ordenación urbanística del territorio y establecer las pautas para su desarrollo.

- Determinar los indicadores de crecimiento, población, recursos y desarrollo económico y social del sistema urbano para decidir el uso racional del territorio.

- Incorporar previsiones sobre la disponibilidad de los recursos hídricos y energéticos.

12.4.3   Las normas complementarias

Las normas complementarias de los POUM tienen por objeto regular aspectos no previstos o insuficientemente desarrollados por aquéllos. En ningún caso, las normas complementarias pueden modificar la calificación del suelo ni alterar las determinaciones del POUM que complementen.

12.4.4 Los programas de actuación urbanística

Los programas de actuación urbanística definen la ordenación y urbanización de terrenos clasificados como suelo urbanizable en los POUM. Tienen por objeto:

- Desarrollar los sistemas de la estructura general de la ordenación urbanística del territorio.
- Señalar los usos y niveles de intensidad del suelo urbanizable.
- Trazar las redes fundamentales de abastecimiento de agua, alcantarillado, teléfono, energía eléctrica, comunicaciones y demás servicios que se prevean.
- Dividir el territorio para el desarrollo en etapas.

Estas determinaciones se complementarán para cada etapa con los correspondientes planes parciales y proyectos de urbanización.

12.4.5 Los planes parciales

Los planes parciales desarrollan las determinaciones contenidas en el planeamiento urbanístico general y los programas de actuación urbanística, mediante:

- La calificación del suelo.
- La delimitación de las zonas en que se divide el territorio según su uso y tipologías edificatorias.
- El señalamiento de reservas de terreno para parques y jardines, zonas deportivas y de recreo y expansión, en una proporción adecuada a las necesidades colectivas.
- La regulación de los usos y los parámetros de la edificación para atorgar las licencias.
- La señalización de las alineaciones y las rasantes.
- La definición de parámetros básicos de la ordenación de volúmenes.
- La definición de las características y el trazado de las redes de abastecimiento de agua, alcantarillado, energía eléctrica y aquellos otros servicios que prevea el planeamiento general.
- La precisión de las características y el trazado de las obras de urbanización básicas, para permitir la ejecución inmediata, su coste y su división en etapas de ejecución.

Las determinaciones de los planes parciales no pueden modificar las de los planes de ordenación urbanística municipal a los que están sometidos.

12.4.6 Los planes especiales urbanísticos

Los planes especiales urbanísticos desarrollan las previsiones contenidas en los planes directores encaminadas a:

- El desarrollo de las infraestructuras básicas relativas a las comunicaciones terrestres, marítimas y aéreas; al abastecimiento de aguas, al saneamiento, al suministro de energía y otras análogas.

- La ordenación de recintos y conjuntos histórico-artísticos, y la protección del paisaje, de las vías de comunicación, del suelo y subsuelo, del medio urbano, rural y natural, para su conservación y mejora en determinados lugares.

También tienen como objetivo desarrollar las previsiones contenidas en los planes de ordenación urbanística municipal cuyas finalidades sean:

- El desarrollo del sistema general de comunicación y sus zonas de protección, del sistema de espacios libres destinados a parques públicos y zonas verdes, y del sistema de equipamiento comunitario para centros y servicios públicos y sociales.
- La ordenación y protección de recintos y conjuntos arquitectónicos, históricos y artísticos.
- La reforma interior en suelo urbano.
- El saneamiento de las poblaciones.
- La mejora de los medios urbano, rural y natural.

A continuación, se detallan los distintos planes especiales, según sea su objeto de actuación:

- *Planes especiales de reforma interior*. Llevan a cabo actuaciones encaminadas a:
  - La descongestión del suelo urbano.
  - La creación de dotaciones urbanísticas y equipamiento comunitario.
  - El saneamiento de barrios insalubres.
  - La resolución de problemas de circulación o de estética.
  - La mejora del medio ambiente o de los servicios públicos.

- *Planes especiales de protección del paisaje*. Su finalidad es la conservación de determinados lugares del territorio, como:
  - Áreas naturales de interés paisajístico.
  - Predios rústicos de pintoresca situación, singularidad topográfica o recuerdo histórico.
  - Edificios aislados que se distinguen por su emplazamiento o belleza arquitectónica, y parques y jardines destacados por su trascendencia histórica o la importancia de las especies botánicas que existen en ellos.
  - Perímetros edificados que formen un conjunto de valores tradicionales o estéticos.

- *Planes especiales de protección de vías de comunicación*. Permiten:
  - Dividir los terrenos en zonas de utilización, edificación, vegetación y panorámicas.
  - Prohibir o limitar, de acuerdo con la legislación vigente, el acceso directo a las fincas desde la carretera.
  - Disponer el retranqueo de las edificaciones como previsión de futuras ampliaciones y el establecimiento de calzadas de servicio.
  - Ordenar los estacionamientos y los lugares de aprovisionamiento y descanso.
  - Mantener y mejorar la estética de las vías y zonas adyacentes

- *Planes especiales de mejora del medio urbano o rural*. Tienen las finalidades siguientes:
  - Alterar determinados elementos vegetales, jardines o arbolado.

- Modificar el aspecto exterior de las edificaciones, su carácter arquitectónico y su estado de conservación.
- Prohibir construcciones y usos perjudiciales.
- Someter a las normas urbanísticas el acoplamiento de las edificaciones.
- Establecer la sustitución de las infraestructuras por razones de obsolescencia o insuficiencia de las existentes, o porque así lo exige el desarrollo económico y social.

- *Planes de saneamiento.* Su finalidad es la mejora de las condiciones de salubridad, higiene y seguridad. Comprenden:

- Obras de abastecimiento de aguas potables.
- Obras de depuración y aprovechamiento de las residuales.
- Instalaciones de alcantarillado, drenajes, fuentes, abrevaderos, lavaderos.

12.4.7 Los catálogos

La protección a la que se refiere el planeamiento urbanístico cuando se trata de conservar o mejorar monumentos, jardines, parques naturales o paisajes requiere la inclusión de éstos en catálogos, con la finalidad de conseguir la efectividad de las medidas urbanísticas de protección.

12.4.8 Las ordenanzas municipales

Las ordenanzas municipales de urbanización y edificación regulan aspectos que no son objeto de las normas de los planes de ordenación urbanística municipal.

Las ordenanzas municipales son aprobadas por los ayuntamientos y en ningún caso pueden contradecir ni alterar las determinaciones contenidas en los planeamientos urbanísticos.

12.5 Parámetros a tener en cuenta en las parcelas

Una vez descritos los distintos tipos de suelo y las figuras existentes de planeamiento urbanístico, estamos en disposición de analizar aquellos parámetros urbanísticos a tener en cuenta al realizar una implantación en una parcela.

Al comprar o alquilar una parcela para edificar un complejo industrial, es necesario tener en cuenta los parámetros urbanísticos que se definen en el plan de ordenación urbanística municipal y en las ordenanzas municipales con el fin de escoger aquella parcela que realmente se adapte a nuestras necesidades de superficie construida, número de plantas, espacio exterior de acceso al edificio, etc.

Las ordenanzas determinan las condiciones que el edificio ha de cumplir en relación al solar en el que se ha de construir. Estas condiciones según la localización y la situación de la edificación comportan diferentes parámetros de referencia.

Los sistemas de ordenación y los parámetros que cabe considerar en cada sistema pueden agruparse en:

1. *Por alineación de la calle:*
   La edificación se dispone de manera continua a lo largo de las calles. En este caso, los parámetros a considerar son: alineación, profundidad, altura reguladora, retranqueos de fachadas, etc.

2. *Por edificación aislada en parcela:*
   Los edificios se disponen aislados en cada parcela, manteniendo distancias a los límites de la parcela. En este caso, los parámetros a considerar son: tamaño de parcela, ocupación, volumen edificable, separación entre edificaciones, etc.

3. *Por definición de la volumetría:*
   Los edificios se ajustan a unos volúmenes, que pueden estar definidos con independencia de las calles y de las parcelas. En este caso, los parámetros a considerar son básicamente las características geométricas del volumen.

Los términos generales para entender los parámetros que rigen los sistemas de ordenación son:

Alineación de calle. Es la línea que establece, a lo largo de las calles, los límites a la edificación.

Altura libre o útil. La altura libre o útil es la distancia que hay de la tierra al techo en el interior de un local construido.

Alero. Es la parte de la cubierta que sobresale del plan de fachada para protegerla de la acción directa de la lluvia.

Ancho de calle. Es la medida lineal que, como distancia entre ambos lados de la calle, se toma como constante o parámetro que puede servir para determinar la altura reguladora y otras características de la edificación.

Cuerpo saliente. Cuerpo que sobresale del plano que define el volumen del edificio y que tiene carácter de habitable u ocupable.

Espacio libre interior de la manzana. Es el espacio libre de edificación o sólo edificable en la planta baja y el sótano que resulta de aplicar las profundidades edificables.

Línea de fachada. Es el tramo de alineación perteneciente a cada parcela.

Medianera. Es la pared lateral, límite entre dos edificaciones o parcelas, que se levanta desde los cimientos a la cubierta, aunque su continuidad se interrumpa con patios de luces o de ventilación de carácter mancomunado.

Manzana. Es la superficie de suelo delimitada por las alineaciones de vialidad contiguas.

Patio privado. Es el suelo libre destinado a aparcamiento, jardines o almacenamiento, que rodea las edificaciones y cuya titularidad es privada.

Planta baja. Es la planta o la parte de planta a nivel de la calle o con un desnivel de 1 metro.

Planta sótano. Es la situada por debajo de la planta que tenga la consideración de planta baja.

Planta piso. Es toda planta edificada situada sobre la planta baja.

Retrocesos de la edificación. Se da cuando una parte de una planta se retira respecto de la línea definida por la aplicación de la profundidad edificable, con el fin de no agotarla.

Ringlera. Agrupación continua de naves entre medianeras.

Tramo. Agrupación continua de edificación; cuyo alero o cumbrera están a la misma cota o nivel.

12.5.1 Parámetros de la ordenación por alineación de la calle

Altura reguladora máxima. Es la altura que pueden alcanzar las edificaciones, salvo excepciones. Las construcciones que se pueden permitir por encima de la altura reguladora máxima son aquellas construcciones de terminación del edificio y que no dan lugar a espacios habitables, como:

- cámaras de aire y elementos de cobertura, en caso de cubierta plana;
- cubierta del edificio, en caso de cubierta inclinada;
- las barandillas, en caso de terrado;
- los elementos técnicos de las instalaciones del edificio, motivados por los ascensores, la calefacción, el acondicionamiento, el agua.

Número máximo de plantas. Es el número máximo de plantas permitidas dentro de la altura máxima reguladora. Se han de respetar simultáneamente estas dos constantes: altura y número de plantas.

Profundidad edificable. Es la distancia máxima que se mide a partir de la línea de fachada delantera dentro de la cual se ha de inscribir la edificación. La línea que la define no puede ser ultrapasada por la fachada posterior.

Gálibo edificatorio. Perímetro máximo dentro del cual se ha de inscribir obligatoriamente la edificación; la línea que lo define no puede ser ultrapasada, en ningún caso, por la edificación.

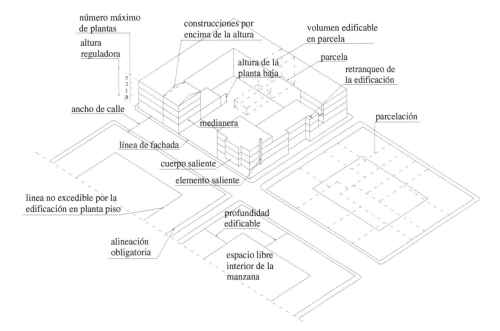

Fig. 12.1 Parámetros de la ordenación por alineación de la calle

12.5.2 Parámetros de la ordenación por edificación aislada en parcela

Parcela mínima edificable. Es la que representa la superficie mínima que ha de tener la parcela para que se pueda autorizar en ella la edificación.

Coeficiente de edificabilidad de parcela. Es el coeficiente en m^2 de techo por m^2 de suelo.

Ocupación máxima de la parcela. Es el porcentaje de la superficie de la parcela que puede ser ocupada por la edificación o por los sótanos.

Separación de los límites. Son las distancias mínimas que las edificaciones han de mantener con los límites de la parcela.

Separación entre edificaciones.: Son las distancias mínimas que han de mantener diversas edificaciones entre sí en una misma parcela.

Fachada o anchura mínima. Es la longitud de fachada o la anchura que, como mínimo, han de tener las parcelas para que sean edificables.

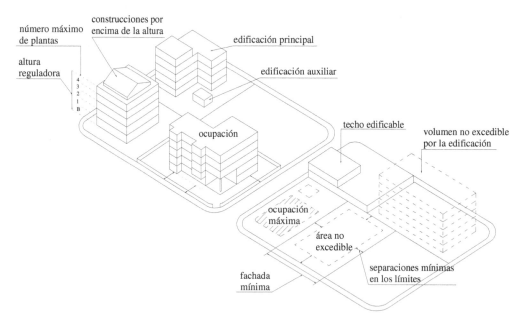

Fig. 12.2 Parámetros de la ordenación por edificación aislada

12.5.3 Parámetros de la ordenación por definición volumétrica

Alineaciones del volumen: Son las alineaciones a las cuales, sin perjuicio de lo que se disponga con referencia a cuerpos y elementos salientes, se han de ajustar las fachadas de los edificios. A menudo, se distingue entre alineaciones de la planta baja y alineaciones de las plantas piso.

Volumetría. Es el coeficiente en m^3 de volumen edificable por m^2 de suelo.

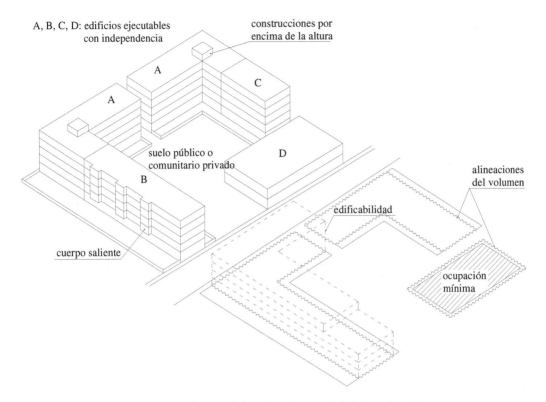

Fig. 12.3 Parámetros de la ordenación por definición volumétrica

12.6 Solicitud de licencias y ejecución de obras

Para estar en condiciones de edificar en una parcela, es necesario:

a) Estudiar minuciosamente el tipo de suelo al que pertenece. Sólo se podrá edificar si el suelo es urbano consolidado.

b) Analizar todos los parámetros del plan de ordenación urbanística municipal, las normas y ordenanzas urbanísticas:

   1. Uso del suelo: la implantación de una actividad industrial sólo se podrá realizar en el suelo con uso industrial.

   2. Características urbanísticas tales como: separación a viales, altura máxima reguladora, profundidad máxima edificable, edificabilidad, etc.

c) Solicitar la licencia urbanística a la Gerencia Municipal de Urbanismo mediante la entrega del proyecto que contenga la descripción de la obra y sus características urbanísticas.

La solicitud de la licencia se debe presentar al Registro de la Gerencia Municipal de Urbanismo. Esta solicitud debe ir acompañada de un proyecto técnico, visado por el colegio profesional correspondiente. El contenido de este proyecto técnico variará en función de las obras a realizar: urbanización, movimiento de tierras, obras mayores de nueva planta, ampliación o reforma de edificios existentes, actividades industriales, etc.

El proyecto técnico debe:

1. Ir firmado por el interesado y por el técnico facultativo competente y visado por el colegio profesional correspondiente.

2. Detallar las obras e instalaciones mediante los planos necesarios.

3. Incluir un presupuesto desglosado por partidas de los trabajos a ejecutar, basado en los precios de ejecución material.

Se consideran técnicos competentes para redactar proyectos de obras los arquitectos superiores y los aparejadores o arquitectos técnicos en los términos determinados por los respectivos colegios profesionales. En los proyectos de construcción de edificios para la ubicación de actividades o usos industriales, son también competentes los ingenieros superiores y los ingenieros técnicos, también en los términos determinados por los respectivos colegios profesionales.

Bibliografía

ACKERMAN, K. *Buildings for Industry.* Londres: Watermark, 1991.

CALAVERA RUIZ, J. *Proyecto y cálculo de estructuras de hormigón armado para edificios (II).* Bilbao, Instituto Técnico de Materiales y Construcciones (INTEMAC), 1985.

CASALS CASANOVA, M.; CALVET PUIG, M.D.; ROCA RAMON, X. *Complejos industriales.* Barcelona: Edicions UPC, 2001.

Código técnico de la edificación. Ministerio de Vivienda, 2006.

DE HEREDIA, R. *Arquitectura y urbanismo industrial.* Madrid: Escuela Técnica Superior de Ingenieros Industriales (Universidad Politécnica de Madrid), 1981.

ESTEBAN, J. *Elementos de ordenación urbana.* Barcelona: Edicions UPC, 1998.

Guía de la edificación sostenible. Calidad energética y medioambiental en edificación. Madrid: Institut Cerdà, Ministerio de Fomento, IDAE, 1999.

JIMÉNEZ MONTOYA, P.; GARCÍA MESEGUER, A.; MORÁN CABRÉ, F. *Hormigón armado (I).* Barcelona: Editorial Gustavo Gili, 1981.

KONZ, S. *Diseño de instalaciones industriales.* México, D.F: Limusa, 1991.

Ley 38/1999, de 5 de noviembre, de ordenación de la edificación (LOE). Jefatura del Estado, 1999.

Ley 20/1991, de 25 de noviembre, de promoción y supresión de barreras arquitectónicas. Generalitat de Catalunya, 1991.

MATERIAL HANDLING INDUSTRY OF AMERICA (MHIA). *Material Handling Equipment (MHE) Taxonomy.* North Carolina State University, 1998. <http://www.mhia.org/>.

MUTHER, R. *Planificación y proyección de la empresa industrial.* Barcelona: Editores Técnicos Asociados, SA, 1968.

NEUFERT, E. *El arte de proyectar en arquitectura.* Barcelona: Gustavo Gili, 1995.

Real decreto 486/1997, de 14 de abril, por el que se establecen las disposiciones mínimas de seguridad y salud en los lugares de trabajo.

Real decreto 2267/2004, de 3 de diciembre, por el que se aprueba el Reglamento de seguridad contra incendios en los establecimientos industriales. Ministerio de Industria, Turismo y Comercio, 2004.

Real decreto 1027/2007, de 20 de julio, por el que se aprueba el Reglamento de instalaciones térmicas en los edificios (RITE). Ministerio de la Presidencia, 2007.

WALTON, D. *Manual práctico de la construcción.* Madrid: Ediciones A. Madrid Vicente, 2000.

Lightning Source UK Ltd.
Milton Keynes UK
UKHW050657171022
410608UK00011B/630